Léa 楊佳齡 著

飲 食 宅 記
Chez FAMIWY

獻給親愛家人、摯友與療癒自己的溫柔食光

Oui oui, vous êtes bien Chez FAMIWY !

CONTENTS

作者序

Chez 是法文「在某某人的家」的意思，

Famiwy 則是 Family Wen（先生的姓）+Yang（我的姓）
的縮寫，

Chez Famiwy 直譯為「在溫楊之家」。

在溫楊之家發生的點點滴滴，就自然而然就成為了「Chez
Famiwy 飲食宅記」的由來。

裡面寫與母親的事，寫與先生的事，寫跟孩子的事，寫家常
餐桌的事，寫自己發懶呆坐沙發的事，也寫了跟姊妹好友的事。

在每個章節前有家中兩位小姐的塗鴉，也邀了有 BIVB 認證
講師資格與騎士勳章的先生寫了餐酒配專欄。是名符其實
Famiwy 的書。

二十年前的我，不會理解有天我會丟掉高跟鞋與空中飛人的
生活，當起全職家庭主婦。

十年前的我，不會知道有天我會把生活裡的大小事記錄下來，
分享給素昧平生的人看，進而結交到許多志同道合的朋友。

五年前的我，不敢想像有天我會把廚房與餐桌點點滴滴化作文字與圖片，集結成書出版。

然而，上帝在每個生命的轉彎處預備了不同的路標，我只能順服而努力的前進，扮演好每個角色，好好的生活。

若是因為我的生活隨筆，讓你對其中的某個角色有了共鳴，那我會非常非常的開心，因為我們咫尺天涯。

若是因為書中的哪道菜餚也讓你想起曾經的自己，那我會非常非常的安慰，因為味蕾的記憶不會騙人。

僅以此書，獻給所有努力生活，扮演不同角色的妳與你。

Léa 楊佳齡

Forword

寫在篇章開始以前…

第一次自己下廚，是在法國公寓的小小廚房。

單純是因為午餐時沒有時間去大學餐廳排隊，所以想學著同學帶個鹹派跟沙拉解決午餐而做。問了同學作法，就開始人生中的第一次實驗。

工具是從學生布告欄貼的告示買到的小烤箱。材料是從Monoprix超市找來的現成塔皮、鮮奶油、雞蛋，以及很便宜的陶瓷烤盤、巷口阿拉伯蔬果店買的茄子、番茄、洋蔥。就這樣編號1.的鹹派誕生，得意滿意之餘，忽然料理魂大增，於是夾在會計、統計、商法與談判學中，開始混雜著食譜與美食雜誌。

有位同學家裡開餐館。我得意的前菜酪梨鮮蝦盅就是藉著討論功課打牙祭時，從他家學來。還有同學家種櫻桃，週末時她的爸爸請大家帶水桶，穿牛仔褲到前院採摘，第一次知道櫻桃樹長得那麼高，爬上去摘得不亦樂乎的我，卻因下梯子時勾著一大籃果實而差點跌跤。但是回家後，不管是單吃還是後來做成櫻桃塔，真覺得那是一輩子吃過最美味的櫻桃了！

聖維多山腳下有家小餐館的鄉村蘋果派叫人回味再三，跟著前男友現任老公一起去用餐時，還巧遇國際商法的教授，不得已拿了半瓶酒去敬了一下，幸好最後畢業考有過，應該是美酒美食讓教授有好印象！後來試著在小廚房復刻蘋果派，變成同學們一起小組討論時的下午茶點心！

普羅旺斯的露天市場是我的最愛，不論是去採買色彩繽紛的蔬果、香氣撲鼻引人食慾的烤雞烤蔬菜、甜滋滋的糕點，或是最有名的各式香料，走一趟市場總是收穫滿滿，眼睛與胃袋都一樣獲得滿足。廣場邊的肉舖老闆是我的肉類字典，教我做好吃的普羅旺斯番茄鑲肉的就是他，細心地告訴我肉餡裡面藏了什麼秘密配料，要怎麼調配才會又多汁又夠味，一直到現在，他的秘方還是很受用！

於是我的普羅旺斯小廚房不時開張。現在想想，還真的頗有幾分Rachel Khoo的The little Paris kitchen的感覺。

法國同學來，我們吃沙拉、紅酒燉肉、普羅旺斯燒淡菜跟蘋果派。
台灣同學來，我們吃滷牛腱、咖哩飯跟糯米糕。
因飲食相聚的回憶就這樣真切一路相伴，從法國跟著我回到台灣。

CHAPTER 1

和媽媽的記憶時光

來自媽媽的味道，是大多數人味覺記憶裡
最深的那一塊，用最單純無私的心為你盛
上一碗，無論何時總是能熨平情緒面的所
有皺褶⋯就算在外受了委屈、遇到困難，
媽媽的手做菜總是有種讓人瞬間放鬆、平
靜的溫暖魔力。

Time with mom

BRFORE COOKING...

　母親在2017年的9月辭世，從驗出病症到離開，只有短短3個月。在這之前，她是個生活規律、身強體健、熱愛美食的人。

　總説廚房裡容不下兩個女人，但她卻很樂意跟我分享庖廚的一切。上市場、回家分門別類的處理食材，總有她的一套規矩。辛香料的搭配與切法、蔬菜滾刀、切片與刨絲、肉類去骨切片打泥、海鮮剝殼去腸泥取內臟、洗米泡發乾貨，甚至收拾善後…等的廚房基本工，都是母親手把手嚴厲指導出來的。雖然到法國才學著自己下廚，但仔細回想起來，我的「廚藝學校」特訓，其實是從我小時候踏進母親的廚房就開始。

　母親生命最後的兩個月是在醫院渡過的，有公婆先生的支援，我得以在醫院與她朝夕相處。安寧醫生問：「現在最想做的事情是什麼？」

她可愛的回答是：「讓我有多一點時間可以吃美食。」果然是熱愛美食的她會説出來的話！

　　為了讓她可以在醫院吃到狀態最好的烏魚子，我們偷偷帶著噴槍在病房處理、奉上香噴噴外酥內軟的烏魚子切片（好孩子不要學！）。我也永遠記得她雙眼有神地跟我細數在香港私宅宴裡享用的大閘蟹，那純銀光亮閃閃的湯匙，盛在銀盆裡、飄著玫瑰花瓣與檸檬片的洗手水，身穿傳統白唐裝黑長褲的服務生，講得彷彿是屬於母親的大亨小傳。醫生盡了最大的努力，一直到過世前三天她才完全停止飲食，最後喝下的是我為她燉的蓮藕湯，她邊喝邊用氣音説：「好喝，好好喝喔！」

　　想念母親的不只有我，還有她揣在心口疼的兩個小孫女，最放心不下的兒子以及到最後跟她氣味相投的女婿。在日日的生活裡，我決定讓她的味道一直陪伴著我們，用她最愛的美食想念她！

家傳蔭瓜肉丸子

Meatball Stew

要說起媽媽最拿手，孩子們每次想起外婆的味道就屬這道蔭瓜肉丸子了。媽媽每次到台北總會做個兩到三斤絞肉的肉丸子，好讓我分裝放在冷凍庫。可以幫小孫女帶便當，或當成晚餐的主食，方便極了。肉要後腿肉、蔭瓜要高慶泉的、蔥要多到滿出來、整體要用剁刀剁到有彈性才可以開始捏丸子，媽媽的堅持很多，但在我的廚房裡，第一個沒有剁刀就被她念到臭頭。把食物調理機搬出來打肉，她說：「差強人意！」但每次還是做滿了一大鍋丸子才回台中。這是愛的味道～

材料

| 肉丸子 |
豬後腿絞肉600g
高慶泉蔭瓜1罐（取瓜肉部分）
白胡椒1/4小匙
黑胡椒酌量
青蔥6-8根（略切）
地瓜粉2大匙

| 湯汁 |
清水500ml
清酒或米酒1大匙
蔭瓜罐頭的湯汁部分
白醬油2大匙
醬油膏1大匙
去皮蒜瓣8-10顆
麻油1小匙（可省略）

作法

1　將肉丸子材料放進食物調理機中，先按「瞬打」讓材料大致均勻後，再按「中速」攪打到喜歡的粗細程度，混合好的肉泥取出，備用。

2　用手將肉泥搓成喜歡的大小，仔細排好放入鍋中，重疊沒有關係。

3　輕輕放入蒜瓣，再沿鍋邊加入湯汁的其他材料（麻油除外）。開中火，煮到湯汁沸騰後轉小火，加蓋續煮15-20分鐘，

4　熄火開蓋，淋上1小匙麻油即可。

廚事筆記
COOKING NOTES

剩下的湯汁拿來燒油豆腐也很好吃，把油豆腐放下去燒滾個5分鐘就可以囉！

台中阿嬤的料滿滿玉米濃湯

Sweet Corn Soup

小學時期，剛好台灣的牛排館如雨後春筍般興起，媽媽幾乎每個月都會帶我們去牛排館打牙祭。端上來吱吱作響的牛排好香，可以選擇蘑菇醬或是黑胡椒醬好新奇，沙拉上的千島醬好好吃，配餐的鹹奶油餐包也讓我們一直加點。倒是，那時第一次吃到炒奶油糊玉米湯，心中OS：「外國湯的料好少啊。」只怪媽媽的台式玉米湯料太豐富了。我想她當初設計這道湯給正值成長期的我們，無非就是要我們吃多多長高高。現在我也常常做這個營養湯給正值成長期的孩子們，她們一看到端出來的湯就會大喊：「台中阿嬤玉米濃湯」！

材料

豬絞肉150g	鹽1.5小匙
紅蘿蔔140g（切丁）	水（A）1000ml
洋蔥120g（切丁）	有機玉米粉3大匙
玉米醬1罐	水（B）3大匙
玉米粒1罐	鮮奶油100ml
全蛋液1顆	無鹽奶油15g
油1大匙	黑胡椒酌量
白胡椒1/4小匙	

作法

1　熱鍋下油炒豬絞肉，加上白胡椒一起炒到全熟。

2　加入紅蘿蔔丁與洋蔥丁一起拌炒均勻後，加入水（A）一起煮滾，撈除浮末後，蓋上蓋子，轉中小火煮20分鐘到紅蘿蔔變軟。

3　開鍋蓋，加入整罐玉米醬與玉米粒（湯汁也一起倒入），再煮滾後加鹽調味。

4　將玉米粉與水（B）調勻，邊攪拌邊倒入鍋中勾芡，再次沸騰後，邊攪拌邊以畫圈方式淋下蛋液。

5　最後倒入鮮奶油與無鹽奶油，熄火，攪拌均勻，視口味酌加黑胡椒即可。

菜豆什錦粥

Chinese Long Bean Congee

夏天食慾不振，主婦懶得下廚時，家裡就會出現各式粥品、湯麵…等一鍋煮的餐點。炎炎夏日裡，媽媽最常端上桌的，就是這道加了炒香的菜脯米（蘿蔔乾丁）的菜豆粥。

媽媽常說：「好吃的粥，米粒要軟而不爛，粥汁要鮮甜有香氣，濃郁但不混濁！粥品鹹味要足，不然會吃了膩。」

在台灣，4-9月是豇豆的盛產期，據說有利水排濕的功效，以我阿嬤的話來說，端午前後必吃的就屬豇豆（菜豆）、蒲瓜跟茄子三味。依照時令來吃盛產的食物，應該就是她們那輩的飲食文化與智慧了。吃這道粥的時候，媽媽會搭配一些醬菜、辣辣的漬菜當清口小菜，一方面引起食慾，二方面又可以中和粥品的黏膩口感，超美味的。

材料

大塊蘿蔔乾100g（洗淨切丁）
豬後腿絞肉200g
紅蘿蔔150g（去皮切成小指大小的長條）
菜豆300g（去頭尾切段）
糙米2米杯
清水2000ml
白胡椒1小匙
鹽1小匙（請依據蘿蔔乾的鹹度斟酌鹽量）
玄米油2大匙

作法

1　大鍋中燒熱玄米油，確實炒香豬絞肉與蘿蔔乾。
2　等蘿蔔乾香氣飄出，倒入洗淨的糙米、紅蘿蔔條與白胡椒粉一起拌炒。
3　炒至米粒與紅蘿蔔條均勻沾上油脂之後，倒入清水，以大火煮滾後轉小火，蓋半蓋煮40分鐘，中間請不時開蓋察看與攪拌，以防焦底。
4　待米粒熟軟後，視需要可酌加開水調整濃稠度，並加入菜豆一起煮約10分鐘，以鹽調味後即可熄火上桌。

廚事筆記
COOKING NOTES

1　菜豆請挑選摸起來硬挺且色澤翠綠的，代表新鮮且甜度高。
2　紅蘿蔔條請盡量切得與菜豆長短一致，煮出來的粥看起來較可口喔！

潤肺的藕香柿餅煲湯

Lotus Root
&
Chicken soup

媽媽很愛蓮藕,除了美味以外,我想它常常出現在餐桌上有很大一部分原因是弟弟從小氣管不好。在蓮藕還很貴的年代,媽媽在秋天一到就會買上好幾節蓮藕,削皮切塊後,加上冰糖燉煮成飲料,裝好一罐罐放在冰箱讓我跟弟弟喝。

後來,有次媽媽與朋友同遊新埔,除了帶回柿餅(哈哈,柿餅也是弟弟的夢魘,他從小就被逼吃柿餅,因為對氣管與肺好!),還學了用柿乾燉湯。與南杏一起煲出來的雞湯真是美味極了。好笑的是,我還真沒見過未下湯烹煮的柿乾長相,因為媽媽怕我們誤吃澀澀的柿乾,在上桌前就會先撈掉了!一直到媽媽過世了,想要重現這道湯品,才急忙找了食材,拍照給料理大家羅姐看過,才安心使用。

材料（此湯品4人份）

土雞腿2隻（切塊）　　　　蟲草花10g
柿乾2顆（對切）　　　　　清水2000ml
蓮藕1節（去皮環切）　　　米酒1大匙
南杏20g　　　　　　　　鹽2小匙

作法

1　將土雞腿塊、南杏一起汆燙後撈起瀝乾，備用。

2　取一土鍋，放入米酒、鹽外的所有材料，等第一次沸騰後，
　　撈除浮末，蓋上蓋子轉小火，慢燉45分鐘至腿肉軟爛即
　　可加鹽與米酒調味。

3　若是用電子壓力鍋，設定20分鐘即可。

食材筆記
FOOD NOTES

蟲草花是真菌類，與冬
菇一樣都是食用菌，是
人工培養的蟲草子實體，
而非冬蟲夏草。

味甘、性平，歸肺、腎
二經，具有補肺益腎、
化痰止血之功效。

口感類似肉類，常用於
一般食用或是添加於保
健湯料中。

記憶中的魷魚螺肉蒜

Squid & Conch Soup

這是一道在媽媽與阿嬤在世的時候，只要開口便吃得到的好料理。

我印象最深刻的是小時候過年圍爐時，阿公一定會燒一盆小火爐放在大紅木桌下，大家吃吃喝喝到最後，阿嬤會端上螺肉蒜，給男人解酒，給小孩喝熱湯暖身。

阿嬤過世後，只要我們央求，媽媽就會做，她的版本更精緻，也要求魷魚的泡發程度，筍則是一定要用冬筍，她說：「這樣香氣才會足」。連加上油蔥酥的時機也錙銖必較、馬虎不得。媽媽過世後，要喝到記憶中的螺肉蒜得靠自己來了。

材料（此湯品 4 -5 人份）

紅蔥頭 3 顆	醬油酌量
乾魷魚 1 條	鹽 1 小匙
螺肉 1 罐	油 2 大匙
冬筍或熟綠竹筍 2 根	米酒 2 大匙
蒜苗 3 根	水 2000ml
小排骨半斤（300g）	薑片 2-3 片

作法

1　小排骨川燙並洗淨，與薑片一起放入鍋內，加水 1000ml 煮到沸騰後，加入冬筍，續煮 40 分鐘熄火備用。

2　用 1000ml 的水（份量外）加 3g 鹽，泡發魷魚約 20 分鐘，縱切兩半後，橫切小條，備用。

3　冬筍取出切片；蒜白切大段，蒜青斜切窄小段；紅蔥頭輪切，備用。

4　取一厚底鍋起油鍋，用小火爆香紅蔥頭至水分收乾後撈起，備用。

5　原鍋炒香魷魚、蒜白，將作法 1 的排骨湯以及作法 3 的筍片倒入，開始加熱。

6　開螺肉罐，將湯汁濾出，倒入排骨湯中，螺肉放一旁，備用。

7　再加入滾水 1000ml，蓋鍋蓋，以中小火燉煮 20 分鐘至小排骨肉軟。

8　時間到了，加入螺肉煮 5 分鐘，沿鍋邊淋入米酒，加入醬油調整湯色，用鹽調味，加入蒜青煮至再次沸騰，即可熄火盛碗。

9　先喝一匙原味湯頭，再加入作法 4 的油蔥酥一小撮一起享用。

廚事筆記
COOKING NOTES

1　請盡量依作法裡寫的方式將食材切成一樣大小，因為除了會影響食材熟的速度外，也會影響到湯品的整體視覺。

2　若是使用熟的綠竹筍，則是在作法 5 中加入一起燉煮即可。

3　作法 7 使用滾水，會更加節省時間。

豆豉丁香燜苦瓜

Steamed Bitter Gourd

小時候很不喜歡吃苦瓜，因為媽媽總是在炎炎夏日裡端上小魚苦瓜湯，硬要我跟弟弟喝掉，說是可以清熱解毒。小孩真心不懂，那碗苦苦的湯到底好喝在哪裡？

後來，聽到有人說，人生已經夠苦了，何必吃苦瓜為難自己？跟媽媽說了，她只是笑笑的說：「也許我就是愛吃苦瓜，人生才這麼苦～」長大後依然不愛吃苦瓜，但倒是對熟食店的油燜苦瓜情有獨鍾。教會的邱阿姨有好手藝，在一次聚會中做給大家享用，冷的吃、熱的吃都好美味。從此這道菜變成我跟媽媽的深夜小點，一起看劇的時候，一人一小碟，滿口甘甜。

材料

白玉苦瓜 900g
豆豉 10g
丁香魚乾 20g
薑絲 20g
大紅辣椒 1 根
白胡椒 1/2 小匙

米酒 2 大匙
白醬油 2 大匙
蠔油 2 大匙
冰糖 10g
油 4 大匙

作法

1　白玉苦瓜刮去瓢囊、籽，切成大塊，備用。
2　熱鍋下 2 大匙油，將苦瓜顆粒狀的面朝下煎出焦色後，翻面煎完後取出，備用。
3　原鍋再添 2 大匙油，下豆豉、薑絲、大紅辣椒、丁香魚乾炒香，放入苦瓜塊拌炒均勻。
4　下冰糖、米酒、白醬油與蠔油到鍋中，再次拌勻後，入蒸鍋蒸 20 分鐘。
5　用筷子測試苦瓜是否已軟透，若是可以輕易穿透，即可裝進保鮮盒中，冷藏一晚味道會更融合好吃。

廚事筆記
COOKING NOTES

油燜苦瓜加水用鍋燒的當然也可以，但是用蒸的能保留完整外觀，顆粒分明剔透，很是美麗！

快手桂圓蓮藕燕麥糕

Oatflakes & Lotus Steamed Cake

約莫在10年前帶著寶寶回娘家過寒假時，電視台上正在強力推銷Vitamix，轉來轉去下不定決心，畢竟兩萬多塊不是兩千塊啊！媽媽走過來一看說了句：「買啊！你常常會用到的！」就這樣，這台蟬聯多年我家「Best buy榜」第一名的機器風光光地進駐。

這道桂圓蓮藕燕麥糕算是機器附的食譜變化版。用即溶燕麥片取代燕麥粒更方便，加了黑糖與桂圓，讓口感更加豐富。這個糕點讓媽媽配茶剛好，她最愛說的就是：「這個燕麥糕比年糕好，不會讓胃有負擔！」

材料

即食燕麥片1量杯(200ml的量杯)
蓮藕粉1/2量杯
黑糖1/2量杯
水 375-400ml
桂圓乾1把(用熱水先泡20分鐘，瀝乾)

作法

1　除桂圓乾以外的材料都放入Vitamix，以高速運轉，攪打約3分鐘，直到粉漿摸起來溫溫的。
2　放入桂圓乾，轉速1-6轉兩至三次，把桂圓打碎。
3　倒入不抹油不鋪紙的6吋蛋糕模中(1個)，放到電鍋裡，外鍋2杯水蒸到開關跳起(或是用蒸鍋蒸約30分鐘)。
4　取出，放到涼透，用手小心剝開脫模，切塊即可食用！

香甜焦糖布丁

Crème Caramel

我的外婆過世得早，媽媽的大姊在她心目中幾乎是等同母親的地位。據説大姨在年輕時就跟著名師學烹飪，媽媽最感幸福的時刻，是高中放學打開冰箱就有大姨手做的涼拌通心粉跟焦糖布丁。後來做焦糖布丁的任務落在我身上，降低了鮮奶油的比例，焦糖燒的程度剛剛好合媽媽的口味，讓媽媽每次到台北一開冰箱也有幸福的感覺。新添購的水波爐對焦糖布丁很有一套，不用水浴法，也可以做出好布丁，接下來可以把這個工作交給女兒，讓她們把幸福延續下去～

材料（8個量，每個布丁杯約100ml）

| 焦糖漿 | | 布丁液 |
砂糖70g　　　　鮮奶400ml
冷水15ml　　　鮮奶油100ml
熱水15ml　　　雞蛋4顆（打散）
　　　　　　　砂糖60g
　　　　　　　香草莢1/3根

作法

1　先煮焦糖漿，取一小鍋，加入砂糖、冷水，以中大火煮到糖溶化後再慢慢轉動鍋子，煮的期間不可攪拌焦糖漿。
2　待焦糖顏色慢慢變深，這時火轉小，並煮到自己要的色澤，熄火後加入熱水，並用湯匙輕輕攪拌均勻即可。
3　在每個布丁模內加入1大匙作法2的焦糖漿，放涼備用。
4　接著煮布丁液，取出香草籽，並與香草莢一起放入已加鮮奶與鮮奶油的鍋子裡，慢慢加熱，並加入砂糖邊攪拌邊煮溶，但不要把它煮到沸騰。
5　奶糖液降溫後取出香草莢，慢慢加到打散的蛋液裡打勻，過篩，倒入布丁杯中。
6　把布丁杯放入有深度的烤盤中，烤盤內加熱水（約到布丁杯一半的高度），烤箱預熱至攝氏160度，烤約35分鐘。
7　取出布丁杯確實放涼，進冰箱徹底冷卻後即可倒扣脫模。

廚事筆記
COOKING NOTES

通常在脫模前，我會把布丁杯底部先放在溫度約攝氏60度的熱水裡泡個2分鐘（對，就是水龍頭流出的熱水就可以了），好讓底部的焦糖液更容易流動一點。然後使用脫模刀，由頂部沿著杯緣輕輕劃開一圈，稍微傾斜讓焦糖液流出，再倒扣就可以輕易地將布丁完整的脫出囉。

源自媽媽的廚房基本功

「優雅的智慧」是我很喜歡的一本書。裡面說到田玲玲女士常常因為錢復先生職務更動而必須搬家,她總在一到新住處時,就掛起熟悉的舊窗簾,讓家人雖在異地,仍有家的感覺。而從小帶著我們搬遷過許多住處的母親,則是每到一個新的地方,東西放下,就開始尋覓最近的傳統市場。她覺得,能夠親手烹調,吃上一頓熱騰騰的飯菜的地方,才能稱之為「家」。

因為父親早逝,家中大大小小的雜事都是我跟弟弟一起分攤做的;擦地板、洗衣晾衣、整理垃圾…等一樣不缺。唯獨廚房事,弟弟只有洗碗的份兒,大部分時候都是我獨享廚房裡的母親。因著母親的廚房課,讓我就算當新嫁娘時也不慌張,讓先生可以馬上就有「家」的感覺。

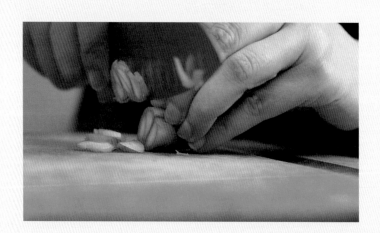

─ 母親的廚房課 ─

1　有乾淨的廚房與飯廳才有美味健康的家庭餐點

煮食完成後，必須清理流理台與刷水槽、砧板徹底洗過再放到
陽台曬太陽（這個應該因地制宜）；廚餘與垃圾在當天晚餐後要
清理，打包密實送到回收處；廚房地板也要在處理完垃圾後擦乾
淨。這樣一來，每天早上走進廚房時都會有好心情。

2　在休假日預先處理花時間的料理

比方說包餛飩、餃子，母親都會在週末大量製作，沒有吃完的
會冰凍起來當成孩子們的週間存糧。滷牛肉、紅燒肉…等大菜
也是這時製作，週間只要加熱一下，或是添加油豆腐、海帶結
等，又成了一道新菜。

3　預先處理食材

母親身兼父職必外出工作，讓她一回家可以馬上快速料理餐點是很重要的事。

從市場買回的蔬菜，一有時間就把豆子撕除硬筋、花菜拆成小朵、葉菜類折小段…等，都處理到烹調前要清洗就可以下鍋的程度，分裝到袋子裡放蔬果室。

肉類則是該預先燙好的排骨、該醃漬的肉排、該清洗預先煮過的雞肉塊…等，也都處理好分別包裝，進冷凍庫妥善保存。

4　依照想要的口感來決定食材的形狀

切東西一向是二廚我負責的工作，很強調食材口感的母親，會堅持茭白筍與綠竹筍必須切成滾刀狀、絲瓜必須切成厚片半月型，才不至於讓甜味因烹調加熱而不見。洋蔥在燉肉料裡要化開成為燉汁的一部分時，逆紋切成條；炒肉絲要保留清脆口感時得順紋切；炒雞肉時則是配合雞肉大小切成塊。拼盤的牛肉要片得薄薄的，搭著白蘿蔔片、蒜苗一起吃，拼盤的烏魚子則是要45度角下刀，以求切出最大橫切面，並且厚度要夠，才顯得大器。

5　冷凍庫一定要儲備高湯

媽媽跟市場雞肉攤老闆是好朋友，往往可以獲得許多雞高湯。這些高湯就變成快速湯麵的湯底、炒米粉的水分、香菇冬粉筍湯的鮮美來源。喔，不能忘記的是在冬天吃火鍋時，只要解凍一包高湯，備好蔬菜肉類沾醬就可以開動，實在是太方便了。

寫到這裡，與母親在廚房的回憶一幕幕湧上心頭。往往我在台北廚房忙和時，她就拉椅子坐在廚房陪伴，或是聊天或是幫把手，在廚房的相處是我們母女最親近的時光。而將外婆的廚房智慧傳承下去給女兒，似乎也變成一種使命！

CHAPTER 2

和先生的小酌時光

婚前和另一半用餐是甜蜜，婚後則是需要
經營的樂趣～即便吃飯的時間不能常在一
起，即使是被工作、家事、瑣事切割到很
零碎的日常裡，也別忘了留一點點時間給
另一半，也給自己，無論吵吵鬧鬧或平靜
安穩，彼此生活中堆疊出來的酸甜苦辣都
值得訴說感謝。

Time with husband

BRFORE COOKING...

先生是我第一個男朋友，應該也是最後一個，我們倆在一起的時間已經超過不在一起的歲月。

因為大學科系唸的是餐飲相關的原因，先生比我早會做麵包，比我早會拿著大鍋鏟炒菜、燉肉，雖然後來他到法國唸的是葡萄酒，但他早期的餐飲筆記本我還留著，算是我的啟蒙書之一，舉凡紅肉白肉的順紋逆紋切法，蛋糕麵包的作法，港式小點的捏製…等，一直到現在，我還是會去翻翻筆記做參考。

不過，據他本人表示，他根本不介意吃的是否是美食。剛認識他的時候，發現他午餐往往是一個麵包就打發。家裡的餐具也很簡單，只要有個康寧碗，一個馬克杯就可以應用於一切飲食。比起娘家媽媽餐具的繁複，飯碗湯碗筷架漆器托盤桌墊一樣都不少之外，喝不同的茶還得用不同的杯，頓時羨慕起他洗碗時的輕簡。

然而，枕邊人夜夜絮語的影響力是有無比威力的，現在連吃個鹽酥雞或是裝個滷味，沒有情境的餐盤他還看不上眼。深受母親飲食觀念影響的我，開始購入跟母親一樣的飯碗湯碗筷架漆器托盤桌墊，咖啡杯紅茶杯馬克杯功夫茶杯也慢慢補齊，先生只有一句話：「只要買了會用，就不是浪費！」

　　因為有他的支持，家裡的餐具櫃從小換大，只要我覺得用得上的廚房小家電，大都可以順利買進，所以我們在家可以吃到自家做的油封鴨、鵝肝醬、蛋糕、國王派…等。除了太太很努力進修外，先生的支持絕對是100%的助力。

　　讓我驕傲的先生是布根地品酒騎士團成員（所以家中有貨真價實的騎士勳章一枚），也是布根地協會BIVB認證講師。職業使然，家裡總是有備著各式酒款，兩人在孩子們都就寢後，總是會斟上一杯酒，搭著自家手作小菜談天，彷彿又回到初談戀愛時。

一解鄉愁油封鴨

Confit de Canard

餐酒搭請見
page63

畢業後的工作，不是在法商，就是必須常常出差到法國的公司。在當地外出用餐時，只要菜單上有油封鴨這道菜，一定會點來吃，煎炸得香酥的鴨腿，裡面的肉卻又軟嫩到輕輕一拉就與腿骨分離，沾著芥末醬一起食用，真是美味到要叫人融化～

先生也因為工作關係必須經常造訪布根地，當地的一家鄉村餐廳 La miotte 被酒友們戲稱為「土雞城」，裡面長年不換的午間套餐必有油封鴨這道菜，搭上炸得中空鼓起像極了小飛碟的薯塊，應該說是先生的鄉愁啊～

主婦不會做這重要的菜式怎可以？沒想到被暱稱為功夫鴨腿的油封鴨，其實難的是等待的時間很長，其他諸如醃漬入味、加油低溫烘烤、冷卻定型…等也都只是一片小蛋糕等級的難度。於是，先生不用千里迢迢到 La miotte 解鄉愁，老婆在家就可以做給你～

材料

|油封鴨腿|
櫻桃鴨腿8隻(大)
細海鹽適量(鴨腿重量的1.5%)
玄米油1罐(1L)
蒜瓣10顆(不去外皮)
百里香1束

|鴨油馬鈴薯泥|
馬鈴薯2顆(大)
鴨油4大匙
牛奶酌量
普羅旺斯香料酌量
鹽、黑胡椒酌量

廚事筆記
COOKING NOTES

1　料理後的鴨油過濾後
　　冷凍保存,可再次利
　　用。
2　鴨油下方粉紅色的沉
　　澱肉凍即是鴨高湯,
　　可以稀釋,加點蔬菜
　　煮成蔬菜鴨湯享用。

作法

1　先做油封鴨,將鴨腿洗淨擦乾,近腳關節處用刀環切一圈,
　　但不把骨頭切斷。

2　用細海鹽大致揉搓鴨腿後,裝入密封袋,進冰箱冷藏醃漬
　　約24小時。

3　從冰箱取出鴨腿,用紙巾擦乾血水,放入鑄鐵鍋或深型容
　　器中。

4　邊緣塞入蒜瓣與百里香,加入玄米油到蓋過鴨腿,蓋上蓋
　　子或烘焙紙。

5　放入烤箱,以攝氏100度慢烤7小時。

6　時間到了,掀開鍋蓋,用筷子輕輕插入鴨腿,若是可以輕
　　鬆穿過,即已完成。

7　室溫放涼後,撈出鴨腿(冬天即可撈出,但夏天再放冰箱
　　冷藏至少2小時定型才行),冷藏或冷凍保存。

8　食用前,先解凍,烤箱預熱至攝氏250度,烘烤15-20分
　　鐘至表皮香酥即可(或用平底鍋放少許油煎炸至兩面香酥
　　也可以)。

9　接著做鴨油馬鈴薯泥,煮熟或蒸熟馬鈴薯,趁熱放入大碗
　　中壓成泥。

10　加入煮鴨腿的鴨油仔細拌勻(若是太硬,酌加牛奶調整到
　　自己喜歡的程度),最後加入普羅旺斯香料,以鹽、胡椒
　　調味。

辣味烤肉派

Pâté Epicée

餐酒搭請見
page64

肉派 pâté 其實對我來說，就像是新鮮版的，沒有加防腐劑與亞硝酸鹽的早餐肉。早餐沒有蛋白質的時候，切一塊佐麵包，或煮麵的時候來上一塊增加飽足感，有時也一塊兒搭配沙拉當前菜，在我家真是運用無窮的常備菜。

先生獨鍾有辣味的版本，本來我在裡面加的是墨西哥辣椒（Jalapeño），前陣子好友送來了兩罐花蓮的剝皮辣椒，試著切丁加入肉餡一起拌勻做出來的肉派也別有一番風味～想要小酌時切點肉派、加點乳酪，就很有在法式小酒館的感覺。

廚事筆記
COOKING NOTES

1 冷吃很好吃，但是切片後回烤或用平底鍋兩面煎上色來吃也很美味！
2 雞肝也可以換成鴨肝、鵝肝。

材料

雞肝100-120g	蛋液1/2顆	西班牙辣味煙燻紅椒
培根6-8片	鮮奶油3大匙	粉1小匙
豬絞肉300g	吐司半片（磨碎）	小茴香籽1/4小匙
白蘭地2大匙	洋蔥1/4顆（切末）	黑胡椒1/2小匙
油1大匙	剝皮辣椒2根（切小丁）	丁香2根
鹽3g	芫荽籽1/4小匙	月桂葉2片

作法

1　雞肝每付大約切成6-8塊的大小，用刀尖約略去除血管與筋，備用。

2　起鍋熱油，中大火倒入雞肝塊炒至微焦，加入2大匙白蘭地嗆香翻炒，熄火倒出，備用。

3　原鍋炒軟洋蔥末，加入紅椒粉、芫荽籽、小茴香籽，以小火拌炒均勻後倒出放涼，備用。

4　取一大碗，放入作法3食材、豬絞肉、蛋液、鮮奶油、吐司碎、剝皮辣椒丁、鹽、黑胡椒，一起攪拌均勻至有黏性產生，再拌入作法2的雞肝塊。

5　取一長條型模子，橫向鋪上培根片，每片重疊1cm，再填入作法4的材料。

6　敲出空氣後，把兩端的培根包覆在上面，蓋上月桂葉、用丁香固定，然後放上鋁箔紙或蓋子，再放入有深度的烤盤。

7　在烤盤中倒熱水到烤模的1/3，進烤箱以攝氏150度烤約1小時。

8　連烤盤一起取出，放涼後，進冰箱冷藏隔夜後即可食用，請於5天內食用完畢。

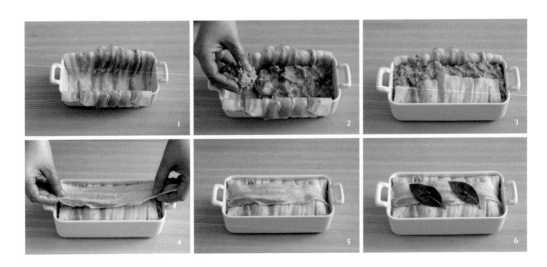

滑嫩可人鴨肝醬

Pâté de Fois Gras

餐酒搭請見
page65

臨近聖誕節時，家中一定會準備的，除了油封鴨，就是這道鴨肝醬。在等待上菜的時候，擺上一盅鴨肝醬，讓大家邊聊天邊塗在麵包上吃，用來墊墊肚子，邊喝著小酒熱絡一下氣氛，交誼一下。等待餐點的時間就不會變得漫長，主婦在廚房備餐的時間也更充裕，更能從容不迫地出菜。

大部分鴨肝醬的作法是把鴨肝挑掉血管與硬筋，與奶油、香料、烈酒…等炒香，再與大量奶油打成糊狀再過篩而成。但這份食譜是參考於自法文雜誌，裡面加上蛋液與奶油一起低溫蒸烤而成，不僅熱量較低，口感也滑嫩可人。唯一可惜的是保存期限只有1週左右，一次不要做太多，趁新鮮吃完才是王道。就算是當成下午茶點心，或是深夜肚子餓時臨時想吃點小點，也是絕佳的選擇！

材料

鴨肝200g（洗淨）
雞蛋1顆
紅蔥頭2顆（去厚皮切碎）
不甜白酒50ml
鮮奶油65ml
無鹽奶油13g（可以多準備一些
來塗抹烤盤）
粉紅胡椒粒1/2小匙

孜然籽1/4小匙
茴香籽1/4小匙
芫荽籽1/4小匙
黑胡椒粉適量
海鹽1/2小匙

作法

1　鴨肝川燙去雜質後切塊，備用。
2　小火熱鍋，加入無鹽奶油融化後，炒軟紅蔥頭碎，續加入
　　鴨肝塊，以大火翻炒約2-3分鐘。
3　轉中火，加入孜然籽、茴香籽、芫荽籽與不甜白酒一起煮
　　滾，轉小火加蓋慢煮約3-5分鐘後熄火，放涼備用。
4　烤箱預熱至攝氏150度，準備水浴法烘烤的烤盤與熱水；
　　烤盅內部均勻塗抹無鹽奶油，備用。
5　把作法3冷卻後的肝臟同湯汁，以及雞蛋、鮮奶油和海鹽
　　一起放入攪拌機或果汁機裡打到滑順，過篩後加入黑胡椒
　　粉、粉紅胡椒粒，如果不夠鹹，可在這時加鹽調整。
6　倒入模子，放進加了熱水的烤盤中，加蓋，進烤箱烘烤約45
　　分鐘。
7　取出烤盅，放涼後入冰箱冰鎮3小時後即可食用。

香料紅酒燉牛肉

Bœuf Bourguignon

餐酒搭請見
page62

傳統做法的紅酒燉牛肉也算是道「搞剛」的料理。第一天，要先用全紅酒醃牛肉與蔬菜，第二天濾出紅酒與蔬菜備用，將牛肉沾上麵粉，放入鍋中煎到金黃，再將蔬菜、紅酒、香料束⋯等放到鑄鐵鍋中慢燉數小時（時間端看使用的牛肉部位而定），直到牛肉軟爛為止。

有次跟先生一起到布根地的 Chez Guy 餐廳用餐，經理解釋他們使用牛頰肉做成的紅酒燉牛肉，必須慢燉18個小時才成，果然一入口，紅酒的酸度全部被燉掉了，留下的是芳醇的香氣與滿滿迷人的膠質。不過，主婦在家可沒這工夫顧爐18小時啊！變化作法與部位，燉出一道自家味道，只要2小時就做出香料紅酒牛肉來。多留點醬汁，隔天可以再做一道布根地經典名前菜－紅酒水波蛋。至於遵循古法的紅酒燉牛肉呢？就留到去法國時去找 Chez Guy 吧！

材料

牛腱心2條（切大塊）

西洋芹2根（切段）

紅蘿蔔（削皮切大塊）

中型洋蔥1顆（切塊）

切塊番茄罐1罐（約400ml）

月桂葉2-3片

孜然1小匙

多香果6顆

紅酒300ml

鹽、黑胡椒酌量

油2大匙

水酌量

作法

1　厚底鍋熱鍋後放入油2大匙，將牛腱心煎至微焦後取出備用。

2　原鍋加入孜然與多香果炒香，續入蔬菜類炒香，將牛腱心倒入鍋中拌炒均勻。

3　接著加入紅酒，轉大火，滾約2分鐘，再倒入番茄罐頭，續加水，略淹過食材即可。

4　大滾後，撈掉浮末，加入月桂葉，加蓋以中小火慢燉約1.5小時直到牛肉酥軟，以鹽、黑胡椒調味即可。

紅酒水波蛋

Oeufs en Meurette

餐酒搭請見
page62

材料

雞蛋4顆（分別打到碗中）
水1000ml
白醋1大匙
培根4條（切碎）
法國麵包4片
橄欖油1大匙
紅酒燉牛肉醬汁4大匙
西洋香菜酌量（切碎，可省略）

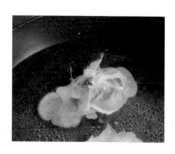

作法

1 冷油冷鍋倒入培根碎，以小火煸炒到金黃，起鍋瀝乾，
   備用。
2 在法國麵包片上淋一些橄欖油，送入烤箱，以攝氏220
   度烘烤至金黃色即可出爐，備用。
3 將水1000ml煮滾，加入白醋，轉極小火，將碗靠近水面
   依序倒入雞蛋。
4 蓋上鍋蓋，熄火，計時4分鐘。
5 按放入的先後順序，用漏杓取出水波蛋，放入要盛盤的容
   器中。
6 淋上紅酒燉牛肉醬汁，撒上培根碎，邊邊斜插上烤得香脆
   的法國麵包片，撒上西洋香菜碎即可上桌。

超濃郁明太子奶油義大利麵

Mentaiko Spaghetti

餐酒搭請見
page60

剛當新嫁娘的時候,雖然會煮一點點菜,但不是天天都下廚,所以還是很需要食譜的幫忙。當時買了東販出版社出版的一套給新嫁娘的食譜,裡面集結了有元葉子、大庭英子、夏梅美智子…等現在已是料理名家的食譜,依照肉類、海鮮、蔬菜、豆腐、甜點…等分成小冊,步驟簡單,圖說清楚,對當時的我幫助好大。

16年過去了,這套書依然在書架上佔著重要位置,只不過讀者從我變成8年級的大女兒。 這道明太子奶油義大利麵就是從這套食譜得來的靈感,也是我們婚後做給先生吃的第一道料理,要好好紀念一下!

材料

義大利乾燥直麵2人份　　　　橄欖油1大匙
水2000ml　　　　　　　　蒜瓣2顆(壓成泥)
鹽1大匙　　　　　　　　　檸檬汁2大匙
明太子70-80g　　　　　　細香蔥酌量
無鹽奶油20g　　　　　　　海苔絲酌量

作法

1　備一滾水鍋,加入鹽後,放入義大利麵,依照包裝袋標示把麵煮好。
2　在煮麵的同時準備醬料:把明太子的薄膜去除丟棄,魚卵取出後放在耐熱大玻璃碗中,加入放軟的無鹽奶油、橄欖油、蒜泥,一起攪拌均勻。
3　麵煮好後撈出放入作法2的碗裡,加入50ml煮麵水一起翻拌均勻,淋上2大匙檸檬汁再次拌勻後,即可盛盤。
4　裝盤時,撒上細香蔥、一撮海苔絲即可享用!

廚事筆記
COOKING NOTES

此道料理得趁熱享用最美味!細香蔥可以用檸檬皮屑來代替,多了檸檬香氣的風味也很不錯!

念念不忘巴黎水煮牛

Sicuan Style
Boiled Beef

餐酒搭請見
page61

若是問我跟先生，到巴黎一定要吃的料理是什麼？答案恐怕會讓很多人嚇一大跳，既非星級餐廳，也不是知名甜點店，我們這一輩老留學生心裡最想念的，是位於第三區，Arts et Métiers 地鐵站附近的小館：家常菜飯（Le Lac d'Ouset）的水煮牛。只要到了館子裡，就會不顧服務生眼光的點上大份的水煮牛，畢竟只有兩人，這種氣魄也太驚人！但真的是好久才來一次，不好好記著味道怎行！？前陣子實在太想念，覺得如果可以在家裡做相同的味道就好了，參考了川菜金牌大廚蔣永毅的用料與做法，調整了兩三次（對，那陣子我們三不五時的在吃水煮牛～），吃完牛肉剩下的湯汁還留下煨了板豆腐跟黃豆芽當宵夜！總說先生發福不是我的錯，但這陣子胖了的公斤數我要負責，因為他說：「像極了巴黎的水煮牛，我要再去添碗飯了！」

材料

牛腿肉薄片400g	花椒2大匙
蛋白1顆	朝天辣椒片1大匙
玉米粉2大匙	白胡椒1小匙
油（A）100ml	醬油1大匙
油（B）60ml	砂糖1小匙
油（C）30ml	鹽1/2小匙
娃娃菜4株（洗淨對剖）	薑片6片
黃豆芽150g	蒜瓣5顆（切片）
蒜苗2大根	陴縣豆瓣醬2大匙
雞湯500ml	紹興酒1小匙
乾辣椒10根	香菜葉酌量

作法

1　牛肉片放入碗中，加入蛋白、2大匙玉米粉、1/2匙鹽抓一下，備用。

2　鍋中倒入油（A），以小火炸香乾辣椒、花椒、朝天辣椒片，撈出瀝乾後切碎，即為「刀口辣椒」；餘下的油即為「香辣油」，備用。

3　鍋中下少許香辣油，快炒蒜苗、娃娃菜與黃豆芽至斷生後盛起，鋪在砂鍋底部。

4　炒鍋中倒入油（B），炒香豆瓣醬、薑片、蒜片至香氣飄出，倒入雞湯續煮至滾，加醬油、香辣油2小匙、白胡椒、砂糖調味。

5　轉小火，一片片放入牛肉片煮至粉紅色，淋上紹興酒。

6　將牛肉片、作法4湯汁一起倒入砂鍋中，撒上切碎的刀口辣椒。

7　取一小鍋，燒熱油（C）至攝氏180度，淋到刀口辣椒上，上綴香菜即可出鍋。

鄉村蘋果派

Tarte au Pomme

餐酒搭請見 page66

我第一個會做的甜點就是蘋果派，不愛吃甜點的先生也認定這是他會主動想吃的甜點的前幾名。原因無他，因為在法國的超市有賣各式各樣現成的派皮，我呢，只要把內餡煮好（其實超市也賣煮好的內餡），仔細小心地把蘋果削成整齊厚薄一致的薄片再鋪上就好，一個8-9吋的鄉村蘋果派要用到的蘋果大概要4-5顆，只要掌握塔皮的厚度與確實烘乾，不要急著減油減糖，一咬下去，真是口口蘋果香，要難吃都很困難啊！僅以這份食譜獻給現在已經變成黑森林人的好朋友西瓜魚一家，因著想吃這個蘋果派而聚的Party，兩家人在城市屋頂草皮烤肉的濕熱夜晚，我們永遠難忘～

材料

| 派皮 |
低筋麵粉200g
烘焙用杏仁粉50g
冰過的無鹽奶油125g
砂糖30g
鹽1小撮
全蛋液1顆

| 蘋果內餡與頂飾 |
蘋果丁550g
砂糖60g
水100ml
檸檬汁酌量
蘋果2顆（切片，泡鹽水後擦乾）
砂糖1大匙（撒在蘋果片上）

作法

1 先做派皮，將切丁的冰奶油、低筋麵粉、杏仁粉、砂糖、鹽，用調理機瞬打方式，打成米粒般大小（或用叉子壓拌也可以）。

2 倒出作法1的食材，用手將中間做成火山口狀，加入蛋液輕輕操作成團狀，用塑膠袋或保鮮膜包覆，放入冰箱30分鐘以上。

3 在工作板墊上烘焙紙，表面撒上手粉後，放上麵團，再次在麵團上撒手粉，小心將派皮擀開入模（厚度約3-4mm），壓緊後放入冷凍庫，冷凍約10-15分鐘（這個派皮不用預烤）。

4 接著做蘋果內餡，將蘋果丁、砂糖、水倒入鍋中，煮至蘋果丁軟，加入適量檸檬汁調味，再開大火將水分收乾即可。

5 取出派皮，用叉子戳洞，把煮好放涼的蘋果內餡平鋪在派上，整齊地鋪上蘋果片，在蘋果片上均勻撒上砂糖。

6 烤箱預熱至攝氏180度，進烤箱烤40分鐘，再轉170度烤10分鐘，取出後確實放涼再脫模。

白酒番紅花酒煮梨

Poires au Vin Blanc et au Safran

餐酒搭請見
page68

水煮梨、水煮蘋果一直是孩子們小時候我幫他們準備的點心。等到孩子大一點，可以再多加一些香料、清水對上白酒一起燉煮，更添了一股芳香，轉身一變成為先生也搶食的餐後甜點。

朋友們知道我愛煮食，只要去旅遊，常常會送我珍貴如黃金的番紅花。這味如蜂蜜、煮完色若黃金的香料拿來煮梨，更是讓自家的水煮梨多了一種高貴的氣質，綴上點薄荷葉，整顆上桌就很完美！通常一次我會多煮一些，約莫10-12顆左右，浸在湯汁裡保存，比較破碎的，就拿來跟杏仁餡一起作成洋梨派，再也不用去買洋梨罐頭啦！

材料

西洋梨4顆（選稍硬的）
白砂糖125g
不甜白酒150ml
水600ml
番紅花兩小撮

作法

1　西洋梨去皮，蒂頭留住，將梨子屁股切平，以利入味以及煮好擺盤。
2　琺瑯鍋中倒入白酒、水、白砂糖以及番紅花略作攪拌後，放入西洋梨再開火。
3　以中火煮滾後，轉小火加蓋煮約1小時後可以熄火。
4　放涼後，整鍋放進冰箱靜置一晚入味即可食用。

終極優格蛋糕

Gâteau au Yaourt

餐酒搭請見
page67

人的緣分很神奇，有時走了一大圈，才知道真正談得來、興趣相投、言談投機的人就在身邊而不自知，白白浪費了這麼多歲月～就像Emilie姊姊一樣。她是我大三時去法國遊學就認識的朋友，但真正熟識起來、變成無話不說的好朋友是近五年前而已。

嫁給料理大家族的她，練就一身好廚藝，她做的蛋糕與餐點，連法國人也大讚好吃。有天她傳來一份只有容量而無重量的食譜，註明了是在二戰時期，她先生家的姑媽做給大家吃的優格蛋糕。試著做了一份，我那號稱不愛吃甜點的先生顧不得剛吃飽，馬上就再來一片，直說可以打敗他愛的蜂蜜蛋糕了！

材料

無糖優格125g
低筋麵粉150g
泡打粉1.5小匙
二砂糖150-170g（依個人嗜甜程度增減）
無特殊氣味沙拉油3大匙
蛋黃3顆
鹽1小撮
香草莢1/3根（剖開取籽）
橙酒1小匙
蛋白3顆

在這邊，我把份量換算成公克，讓大家方便在家操作。

作法

1　取一盆，將蛋黃、一半的二砂糖、鹽、優格、香草籽、沙拉油以及橙酒攪拌均勻，接著倒入過篩的低筋麵粉與泡打粉輕輕拌合。
2　另用一盆，放入蛋白3顆以及另外一半的砂糖，打到九分發。
3　取1/3蛋白與作法1混合均勻，再倒入蛋白盆中，用矽膠匙翻拌均勻。
4　倒入已鋪底紙的模型（29*11*7cm長條模型一個或相同容積的烤模中），靜置15分鐘，輕敲掉大氣泡。
5　烤箱預熱至攝氏180-190度，進烤箱烤35分鐘即可。
6　取出後放涼脫模（不用倒扣），可切成小塊，依個人喜好加上打發鮮奶油、磨點檸檬皮屑、撒點糖粉一起享用。

廚事筆記
COOKING NOTES

這份蛋糕用非不沾烤模較為適合。

COLUMN

Chez Famiwy
宅用侍酒師的餐酒配
Les accords Mets & Vins

par Wayne 溫唯恩

法國人喜歡把餐酒搭配比擬為一場「婚姻」，真是浪漫又貼切。
百年好合的婚姻令人嚮往，不過離婚收場的也不在少數。好在
自家裡頭不像星級餐廳這麼拘謹，碰到失敗的搭配，頂多再換
酒不就得了～

page
50

超濃郁明太子奶油義大利麵

酒款類型	推薦範例
橡木桶培養的 白葡萄酒	法國布根地 Chardonnay La SOUFRANDIÈRE AOC Pouilly-Vinzelles 2015

AOC Pouilly-Vinzelles 是布根地五大產區最南端 - 馬貢區的一個村
莊級法定產區，較長的日照讓這裡的 Chardonnay 葡萄比較圓熟，
多了一絲熱帶水果的香氣。除了產區和品種之外，「釀造和培養過程
是否使用橡木桶」也是挑選葡萄酒重要的一環。過桶的葡萄酒帶有
香草、糖果、烘焙香味的白酒，特別適合奶油入菜的料理。

小常識

布根地的 84 個法定產區可進一步分為 7 個「地區級 AOC Régionale」、
44 個「村莊級 AOC Village」，部分村莊有「一級園 1er Cru」和 33 個
「特級園 AOC Grand Cru」。

念念不忘巴黎水煮牛

page 52

> 酒款類型

啤酒、香檳、各產區氣泡酒

香辣的四川料理可以說是一顆感官炸彈，入口爆發後馬上佔據了整個嗅覺和味覺，搭配過於清淡的飲料將會變得難以抗衡。此時就要祭出高酒精度的酒類，例如中國白酒的高粱、日本燒酎、伏特加或威士忌等。冰涼的氣泡酒則可以解膩，最簡單的就是啤酒，無論是巴黎小館裡的青島啤酒，或是沖繩的ORION，只要夠冰就行。氣泡葡萄酒最常見就是法國香檳，不過考量價格高昂，可以找其他產區的氣泡酒（Crémant）如法國布根地、羅亞爾河、阿爾薩斯、隆河、或西班牙Cava等替代。

> 推薦範例

法國布根地氣泡酒
LOU DUMONT
AOC Crémant de Bourgogne Blanc
de Blancs NV

法國不甜型香檳
Robert BARBICHON
AOC Champagne Blanc de Noirs Brut NV

日本沖繩生啤酒
ORION Draft Beer

> 小技巧

當你／妳不知道怎麼配的時候，拿出有氣泡的就對了！（包括氣泡礦泉水）

香料紅酒燉牛肉、延伸紅酒水波蛋

page 48

酒款類型

Pinot Noir 紅酒
或…任何想喝的紅酒

推薦範例

法國南隆河，混合多品種
Domaine Marcel RICHAUD
AOP Cairanne 2016

紅酒燉牛肉是法國布根地區（Bourgogne）的傳統名菜，配上同產區的Pinot Noir紅酒，如 Côtes de Nuits-Villages、Givry、Mercurey…等村莊級法定產區是標準的保守派（接地氣）選擇。想跳脫框架的話，任何國家產區的Pinot Noir都可。Chez Famiwy呢？薩瓦Mondeuse、北義、西西里，甚至日本北海道的紅酒都搭過，似乎都沒什麼違和感。手頭緊一點喝不起昂貴的南隆 AOP CNDP？沒關係，那就選鄰近的 AOP Gigondas 吧！什麼，預算只有一張小朋友？那 AOP Cairanne售價很少超過三位數的！

小常識

CNDP是 Châteauneuf-du-Pape 的縮寫，法國南隆河鼎鼎大名的「教皇新堡」法定產區。

一解鄉愁油封鴨

page
40

> 酒款類型

香氣飽滿，
單寧粗獷 vs. 細緻紅酒

> 推薦範例

法國薄酒萊 Gamay
G. DESCOMBES
AOP Morgon VV 2015

傳統油封鴨習慣以香氣飽滿、單寧粗獷、口感濃厚型的紅酒來搭配，例如法國的 Madiran、Cahors、Corbières、Saint-Emilion 等法定產區（AOC/AOP）。不過 Chez Famiwy 的油封鴨相對柔嫩不油膩，不妨大膽用上同樣是香氣強，單寧相對比較細緻一點的紅酒。Morgon 是法國薄酒萊區（Beaujolais）的一個村莊級法定產區，Gamay 品種在此處有著登峰造極的表現，不亞於 Pinot Noir。大家千萬別受到某些便宜低劣的「薄酒萊新酒」影響，而輕視了本區優秀的 Gamay 佳釀。

> 小常識

法國符合歐盟新規的「AOP法定產區保護」就是舊稱的「AOC法定產區管制」，有些產區如布根地，執意沿用 AOC。

辣味烤肉派

page
42

酒款類型

布根地村莊級紅白酒

推薦範例

法國布根地 Pinot Noir
Domaine Jean FOURNIER
AOC Marsannay Langeroies 2016

身為布根地葡萄酒公會（BIVB）講師及 Tastevin 品酒騎士團雙重身份，沒大力推薦布根地葡萄酒實在有違使命。它的法定產區總共有84個，數量之多是法國所有產區之冠，常讓初學者看了眼花撩亂，不知如何入門（其實秘訣就是多喝多嘗試嘛！）。好在產區雖然複雜，主要種植的品種卻很單純，就是頗負盛名的黑葡萄Pinot Noir和白葡萄Chardonnay。

照片推薦的是紅酒，不過Marsannay這個AOC則是紅、白、粉紅三種顏色型態都允許生產，它們都相當適合拿來搭配前菜類型的肉派。

小常識

布根地Tastevin品酒騎士團（Confrérie des Chevaliers du Tastevin）總部位於 Clos de Vougeot一座中世紀熙篤會修士修建的城堡，1934年開始冊封騎士，成員們來自各行各業，背負著推廣布根地葡萄酒的使命。

滑嫩可人鴨肝醬

page
44

┌─────────────┐
│ 酒款類型 │
└─────────────┘

辛香圓潤型甜白酒

┌─────────────┐
│ 推薦範例 │
└─────────────┘

法國阿爾薩斯 Pinot Gris
Domaine Vincent FLEITH
AOP Alsace Pinot Gris 2016

口感圓潤的甜白酒是各種肝臟料理的好伙伴，甜味和脂肪
在嘴裡濃到化不開，有如家人之間的情誼，是法國人冬季
過節餐桌上不可或缺的組合。甜白酒的選擇相當多，挑選
上要注意香氣是否夠飽滿，別被食材的香料味蓋過。

阿爾薩斯是法國少數幾個允許標示品種名稱的法定產區，
Riesling、Muscat、Gewurztraminer 和 Pinot Gris 四個
品種都允許釀造甜白酒，後三者常出現辛香料味，是香料調
味料理的好搭檔。比較麻煩的是阿爾薩斯酒標上並不會標示
出甜度，購買前最好向專賣店確認一下甜度口感。

┌─────────────┐
│ 小常識 │
└─────────────┘

Domaine 是法文「酒莊」的意思。酒莊的葡萄園是自有的，
從種植、釀造、培養到裝瓶都在自家莊園裡完成，一般來
說比較能夠自我掌控而維持較好的品質。

鄉村蘋果派

各產區甜型氣泡酒或甜型香檳

甜型的氣泡酒除了甜味可與甜點呼應之外，冰涼爽口的氣泡可消除口中的甜膩感，準備好再進攻下一口。義大利的 Moscato 簡單易飲，適合甜度不太高的水果派，市面上很好尋得。氣泡酒的甜度一般會標示在酒標上，依照甜度往上依序是：Brut Nature（non dosage）、Extra Brut、Brut、Extra-Sec、Sec、Demi-Sec、Doux，這裡推薦的Demi-Sec 香檳每公升的含糖量已經來到32-50g，可以明顯喝出甜味。

推薦範例

義大利 Moscato
PROGETTIDIVINI
Moscato Cuvée Divina

法國甜型香檳
Frank BONVILLE NV
AOC Champagne Demi-Sec

小常識

NV是「無年份 Non Vintage」的縮寫，意思是混合兩個年份以上的葡萄酒，降低年份差異的影響，保持產品風格穩定，常見於香檳等氣泡酒。年份並非酒標上的必要標示，很多葡萄酒是沒有年份的。

終極優格蛋糕

page 58

酒款類型

柑橘香氣的陳年貴腐甜白酒或甜型雪利酒

眾多的甜酒釀造方法之中,最上等的就是採用沾染了貴腐黴菌(botrytis)的葡萄所釀製成的貴腐(noble rot)甜酒,匈牙利的Tokaji、德國的TBA與BA、法國阿爾薩斯SGN和波爾多Sauternes Barsac區等是幾個著名的產區。優質的貴腐酒除了豐富細緻的香氣與甜潤的口感之外,最好還要有均衡的酸度支撐起架構,讓整體甜而不膩。甜酒本身就是甜點的一種,不喜歡「吃」甜點的朋友可以試試用「喝」的。這道類似日本長崎的蜂蜜蛋糕,喜歡焦糖香氣的話,也可以選搭西班牙的甜型雪利酒。

推薦範例

法國西南產區貴腐甜白酒
Château TIRECUL la Gravière
AOC Montbazillac Cuvée
Madame 1996

西班牙甜型雪利酒
LUSTAU
Sherry East India

小常識

Château是法文的「城堡」,也是「酒莊」的意思。與Domaine不同的是Château真的要有實體建築物位於產區範圍裡,哪怕它看起來破破爛爛的像個馬房。好像住有王子公主的文藝復興城堡,比較常見於波爾多區和羅亞爾河沿岸。

page
56

白酒番紅花酒煮梨

酒款類型

果香純淨的德國白酒

推薦範例

德國莫塞爾 Riesling
Weingut Willi SCHAEFER
Graacher Domprobst Riesling
Spätelese 2016

幫甜點搭配酒款一直是我認為最難的，因為在多數的情況之
下，你不會知道那道甜點會甜到哪裡去。好在自家不用理會
這些，窖藏有什麼想喝的，儘管拿出來開就是。乾杯的時候
總是互道「生日快樂」是 Chez Famiwy 的傳統，一家四口
生日在不同的月份，整個月都可以慶祝，開酒的理由只要再
湊上節日名義，就能搞定一整年。

簡單易飲的德國白酒是爸媽在大學時期的入門酒款，白葡萄
的清香總讓人誤以為是在喝果汁，這種單純的美味，連小鬼
們都來搶著…聞呢！(未成年請勿飲酒 ^_^)

小常識

Weingut 是德文「酒莊」的意思。

CHAPTER 3

和孩子們的時光

進入家庭，成為兩個女兒的媽媽，新的身分讓Léa老師更重視手做安心飲食，菜式也更加拓展。一起光臨她們家的「好主意餐廳」，學做簡單但味道絕不馬虎的親子共煮料理，從主食配菜到甜點，一樣也不缺，還有免加熱的常溫便當菜，亦能當成野餐小食。

Time with kids

BRFORE COOKING...

我有兩個女兒。

在大女兒1歲半的時候，發現她是過敏兒，讓她過敏的東西是油，吃麵包店的吐司會起疹子，吃麥當當的薯條會起疹子，連開封超過一天的牛奶也會讓她搔癢難耐！

所以我們開始自己在家做各式各樣的食物。

兩個女兒從小都跟著採買食材，在廚房切切弄弄，做麵包時幫著剝核桃、秤麵粉、倒水，玩麵團比玩黏土的時間還要多得多。連大部分媽媽頭疼的寒暑假，我們在家也過得很開心。不用鬧鐘的睡到自然醒，早餐是三人協力完成，小孩會幫忙燒開水、烤麵包、拿出果醬奶油，媽媽則是分配到煎蛋煮小熱狗的工作。做完功課或是運動完，我們一起包煎餃、做果凍、用壓力鍋燉湯，也擀披薩皮、做貓耳朵麵，玩得不亦樂乎。

大女兒生日時，不是要媽媽幫忙做蛋糕請同學吃，而是跟媽媽要了一份食譜，自己花了一個晚上做了大約40顆各種

口味的瑪德蓮，包裝好，第二天分送給同學與老師。雖然廚房被弄得…嗯…不太認得出來它原本的樣子，但是媽媽清得很甘心。小女兒則是從小就跟著媽媽東奔西跑的上課，不少料理教室都可以看到她小小的身影。平時在家只要我在研究食譜，她也會湊過來一起看，有天做好黃金泡菜，她下課看到了，馬上問道，「有加蘋果嗎？有放麻油嗎？我都有幫妳好好記住喔！」可愛的孩子們，媽媽耐心澆灌了10年的種子，總算發芽了。

　　家中有個虛擬的「好主意餐廳」就是她們合夥開的餐館。

　　雖然菜單很少，客人只有我跟爸爸兩名，但是她們會邊揮汗邊在廚房努力製作餐點，有模有樣地介紹食材，布置餐桌，水杯與酒杯一樣也不少，連掛在牆上的黑板也會好好的寫上菜名。神奇的是，一樣是薯條漢堡，吃家裡做的不會癢；一樣是甜點麵包，家裡做的不會起疹子。就這樣，跟孩子一起越做越多樣，她們也越來越上手，盡量在家動手做跟在家吃飯儼然變成 Chez Famiwy 的家庭潛規則。

豆腐漢堡排

Tofu
Hamburg
Steak

會做這道漢堡排的由來,其實是看了日本綜藝節目裡的一個單元,裡面詳細記錄了日本主婦如何運用多種食材讓餐點不僅加量,也更加營養健康。漢堡排雖然常常吃,但是吃一個可以讓孩子同時攝取兩種蛋白質的漢堡排可就讓我躍躍欲試。實驗了幾次,用白豆乾取代壓乾水分的板豆腐方便得多,風味一樣好得很,加上自己調配的沙拉醬汁真的是孩子們的最愛。雖說是可以當成常備菜的餐點,但往往不管我做了多少,扣掉裝便當的量就會被一次吃完,這也算是主婦的另種成就吧!

材料(5個量)

豬絞肉300g
原味白豆乾2塊
薑末1小撮
蔥白2根量
醬油1大匙
鹽1/2小匙
米酒1大匙
地瓜粉1又1/2大匙
冷壓芝麻油1大匙
麵粉、蛋液適量
煎炸用沙拉油適量

作法

1　所有材料放進食物調理機(除了麵粉、蛋液),攪打成均勻有彈性的質地(沒有食物調理機也無妨,雙手萬能,手持四根筷子一樣可以達成相同效果)。

2　將肉泥捏成漢堡排的形狀,拍上麵粉、沾好蛋液,備用。

3　放入熱好油的平底鍋中,兩面煎至金黃,用筷子插入中心時會流出澄清肉汁才表示熟透,可以起鍋!

4　做好的漢堡排不管夾入吐司或是帶便當,抑或是搭配沙拉吃都很美味~

廚事筆記
COOKING NOTES

這個配方也可以做成丸子,放入湯裡煮,一樣清爽好吃~

胖嘟嘟蝦餛飩

Shrimp Wonton

二小姐有西式早餐吞嚥困難症。只要讓她吃一般麵包跟牛奶，她可以坐在椅子上30-40分鐘。一邊抱怨好乾好乾，一邊繼續螞蟻般的速度吃著不得不吃的餐點。然而，只要早餐是雞湯烏龍麵啦，牛肉廣東粥啦，濃湯搭配吐司條…等之類鹹的或湯汁多的食物，她可以在10分鐘內解決一大碗，剩下等爸爸慢慢醒過來的時間還可以看看卡通，好整以暇地刷刷牙，抱抱媽媽再去上學。在所有的鹹餐點中，最受她青睞的是餛飩。早期常買主婦聯盟的餛飩給她吃，後來發現自己包其實也很方便。除了豬肉外，還加了好朋友猩弟家的金勾蝦，把每顆餛飩都塞得飽飽的，讓二小姐吃了可以很有元氣的上學去。

材料

| 肉餡 |
豬絞肉300g (需冰涼)
新鮮金勾蝦仁 (或是白蝦仁切小段)150g
水80-100ml
白醬油1大匙
米酒1大匙
冷壓芝麻油1大匙
鹽1/2小匙
白胡椒1/4小匙
蔥1根
薑5g
餛飩皮半斤 (約50-60張)

| 醬料 |
白醬油：恆泰豐高級香醋：香油 (麻辣油)：砂糖
1大匙：1大匙：1小匙：1/4小匙

作法

1　水、蔥和薑一起放入調理機中打碎，過濾出蔥薑水，備用。

2　冰涼絞肉放入大碗，分三次慢慢加入蔥薑水，朝同一方向劃圈攪拌，直至水分吸收，絞肉產生黏性與彈性。

3　加入鹽、白醬油、米酒，再次順同一方向攪拌直至全部水分被吸收，最後拌入1匙芝麻油鎖住水分，把肉餡放入冰箱冷藏至少1小時定型。

4　蝦仁洗淨擦乾，若是使用白蝦就切小段放在肉餡上方，挖取肉餡時順便夾帶幾顆蝦肉一起包入。

| 餛飩包法 |

我只會「貓耳餛飩」的包法，做出來的餛
飩餡多皮薄，胖嘟嘟的很討喜。

1　取餛飩皮，於中間放上適量餡料。
2　在皮的四周抹水後，對角摺起，擠出
　　內餡裡的空氣，再黏合成三角形。
3　把三角形底部的兩個角往下拉，右下
　　左上沾點水，重疊黏住就好啦。

| 煮餛飩與拌醬 |

1　水滾下餛飩，待再次沸騰後計時6分
　　鐘撈起。
2　將醬料材料全拌勻，再和餛飩拌合即
　　可享用～

香氣四溢的法式烤蝸牛

Escargots de Bourgogne

在2014年的時候，帶著小姐們到法國邊玩邊住了1個月，想讓她們看看爸爸媽媽唸書工作的地方。其中有一週住在布根地的鄉間小宅，廚房有門可以通到後院草坪，我常常邊煮飯邊看著小姐們在後院摘野花扎花束，或是邊喝咖啡邊看她們盪鞦韆。先生工作空檔，我們會一起上館子，嚐嚐道地的布根地鄉村菜，舉凡油封鴨、紅酒燉牛肉、香菜肉凍派與蝸牛，一樣都不放過，孩子們還把蝸牛殼清洗乾淨，一路寶貝地帶回台灣。

在台灣，除了上館子吃烤蝸牛，其實有簡便的罐頭蝸牛肉可以使用，選用法國來的蝸牛，腥味較淡，肉質也鮮美，用新鮮的巴西里與奶油、蒜頭、乳酪事先把香料奶油拌好，20分鐘就可以輕鬆上菜，孩子們每每用麵包沾醬汁，欲罷不能呢。

材料

無鹽奶油100g
鹽 3-5g
捲葉巴西利葉20g（切碎）
蒜瓣10g（磨泥，喜歡蒜味更重的話，份量可加倍）
紅蔥頭6g（切碎）
Parmigiano 乳酪40g（磨碎）
蝸牛肉罐頭1罐（24顆，先瀝除湯汁）

作法

1　讓奶油在室溫下回軟，用打蛋器攪打至乳霜狀，備用。

2　將鹽、切碎的巴西利、蒜泥、紅蔥頭碎、磨碎的Parmigiano
　　乳酪一起拌進奶油霜中，即成香料奶油。

3　在烤蝸牛盤裡先填入半小匙香料奶油，塞入蝸牛肉，再用香
　　料奶油填滿洞口。

4　最後在烤蝸牛盤洞口撒上份量外的Parmigiano乳酪，烤
　　箱預熱至攝氏180度，烤15-20分鐘，至外表金黃焦脆，趁
　　熱享用。

廚事筆記
COOKING NOTES

Parmigiano也就是我們
一般說的帕馬森乳酪，買
整塊來磨比買市售的罐
裝粉狀帕馬森乳酪粉香
氣來得更足。

沖繩風飯糰

Okinawa Style Onigiri

2018年1月全家到沖繩去遊玩。行前買了一些有關沖繩的書籍，讀了不少文章，也加入了好朋友猩弟推薦的FB社團「沖繩彭大家族自助錦囊」，整個行程規劃下來，有吃有玩有古蹟也有購物，一家人玩得流連忘返，下定決心在2019年帶著公公婆婆再去一次（後來我們也真的一起去過囉！）。

旅行期間下榻在美國村的飯店管理公寓，用走的就可以到海邊看落日或是咖啡廳耍廢，而其中最讓我們念念不忘的是面海灘的沖繩飯糰專賣店。大部分的人喜歡在一入境沖繩就到機場大廳店購買，據說往往大排長龍，有的人還因為飯糰而誤了後續領車等的行程。但是在美國村的分店，不用排隊啊啊啊！還有特別的炸苦瓜沖繩飯糰，加上沖繩飯糰不能缺少的美國餐肉真的好吃極了！因為太好吃，所以在當地就買了飯糰模型（後來發現台灣的台隆手創館就有，哈！）回家常常複製給孩子們當成補習時的點心，既方便又美味！

材料（4個量）

Spam 原味餐肉1罐
雞蛋3顆
味醂2小匙
白飯320g
無調味對切海苔4片
油1大匙

作法

1　倒出餐肉罐頭，依照飯糰模型大小，切成約2-3mm薄片，取出4片，煎成兩面金黃，備用。
2　將3顆蛋加味醂後打散（不加鹽，因為餐肉已經夠鹹）。在玉子燒鍋裡放入1大匙油，以小火燒熱後，倒入蛋液慢煎，等整體凝固到只剩表面還有點蛋液時，把蛋對摺黏好，熄火，用餘熱把整體烘熟，待稍微冷卻，切成4等份，備用。
3　工作檯上平鋪海苔片，霧面朝上，擺上模型，兩邊各填入40g白飯，壓緊，共做完4個。
4　拿開模型，依序放上餐肉片、厚燒蛋切片，對摺，放入紙袋中即可！

廚事筆記
COOKING NOTES

1　剩下的餐肉放保鮮盒冷藏保存，之後可用來炒飯或是炒苦瓜。

2　雖然加了餐肉才有沖繩飯糰的風味，但不愛餐肉的人，一樣可以加入烤肉片、漢堡排或是添加蔬菜…等，讓營養更豐富喔！

佛卡夏

Focaccia

大約10年前開始做麵包,其實也不是為了精進廚藝或是開店什麼的,單純就是因為大小姐吃市售的麵包會過敏。做過的各式麵包中,最受孩子們青睞的是佛卡夏。才説二小姐早上沒辦法吃西式麵包,唯獨佛卡夏可以吃得很盡興,還裝成老饕般的一定要沾著橄欖油與巴薩米克醋才對味。孩子們有多愛這種義大利的鹹香簡易麵包?愛到可以連吃一週不用更換早餐菜單。只要問她們要媽媽做什麼麵包,佛卡夏絕對是前幾名。我喜歡把佛卡夏做得厚厚的,既可享受表層焦脆的香氣,又可嚐到裡層Q彈的口感,偶而也學義大利人把中間剖開,夾著火腿乳酪生菜番茄,用熱鐵板夾成Panini當成午餐,搭上一杯熱湯真是滿足極了。

材料

A
高筋麵粉400g
速發酵母1/2小匙
砂糖16g
鹽6g
橄欖油50ml
水250ml
綜合香料2/3小匙

B
表面用Parmigiano乳酪適量(磨碎)
表面用橄欖油約2-3大匙
表面用新鮮蒜片適量

作法

1 將A材料揉好成光滑麵團後,裝進抹油的塑膠袋或是稍大的密封盒裡,冷藏發酵一夜。

2 第二天拿出來再次揉至光滑,整成圓形,蓋上塑膠布,室溫靜置回溫。

3 等麵團回溫完成(約30分鐘後),在烤盤上先塗上1大匙橄欖油。接著把麵團放在烤盤上,將1-2大匙橄欖油倒在手上,慢慢地將麵團攤平到自己喜歡的大小。

4 再次發酵到麵團按壓不會彈回的程度(約30-40分鐘後),表面刷上橄欖油,鋪上蒜片,用手壓出洞洞,撒上Parmigiano乳酪粉,送進預熱至攝氏200度的烤箱烤16-20分鐘即可。

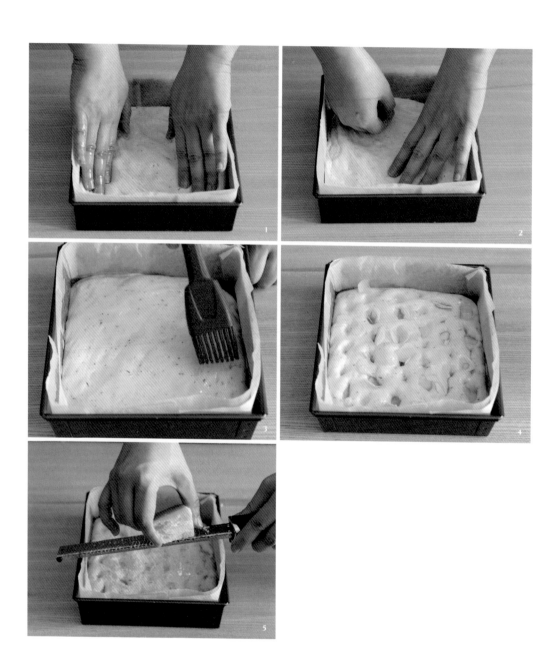

特別感謝Bistrot Latini的丹老
闆給我的靈感,得以成就這份
佛卡夏。

鮪魚筆管麵沙拉

Tuna Penne Rigate Pasta Salad

從4歲開始，兩個孩子都在雲門教室上身體律動課程，從小遇到的老師，薇晴、曉蟬、羊咩咩、毛線球與鈴鈴老師變成在到現在還有聯絡的好朋友。每週一次的課程，算是把家裡蹲孩子送到大班上課前的最好訓練，孩子們那時結識的朋友，居然到七八年級還可以在學校遇到，繼續友好，真的是另類的「青蛙奇緣」。孩子們上完課後，教室旁的貝果咖啡店是最佳補充體力的地方，小姐們特愛那裡的筆管冷麵，回家試著複製並不困難，掌握煮麵水要夠鹹、麵要煮到全熟而非彈牙這兩點，其它配料可以天馬行空，任君發揮。同時也是校外教學便當的方便選擇！

材料

乾燥筆管麵150g
鮪魚罐頭1罐
橄欖油4大匙（60ml）
磨碎的Parmigiano乳酪30g
檸檬皮屑1顆量
檸檬汁1大匙
黑胡椒1小匙
鹽1/2小匙
油漬番茄2大片（切碎）
新鮮薄荷葉適量

| 煮麵水 |
水1L
鹽1/2大匙

作法

1　將煮麵水材料燒開，放入筆管麵，煮麵時間比包裝上最長時間多兩分鐘。時間到後撈起，放入大缽中。

2　鮪魚罐頭連汁一起倒入麵中，加上切碎的油漬番茄、磨碎乳酪、檸檬皮屑、檸檬汁、橄欖油以及鹽一起翻拌均勻，放置待涼即可冷藏保存。

3　食用前再撒上黑胡椒與撕碎的新鮮薄荷葉一起享用。

料理筆記
COOKING NOTES

用來涼拌的義大利麵要徹底煮透（比包裝上多煮2分鐘的用意也在這），才不會因為較長時間的放置而顯得不滑口。

義大利麵一直是家中常備的乾
糧，長直麵11號與尖斜管麵是
我們家的最愛。或是拌炒，或
是折小段煮雞湯，或是涼拌，
或是焗烤，它都能恰如其份地
扮演好角色，為餐桌增色。

南瓜玉米濃湯

Velouté de Potiron et Maïs

廚事筆記
COOKING NOTES

1　在濃湯中加入蒜瓣一起烹煮，會讓蔬菜濃湯有肉的濃郁風味。

2　蔬菜炒至微微上色可以讓整體湯頭甜味增加、香氣更足。

3　如果家中均質機或是調理機馬力夠的話，非常建議將南瓜連皮帶籽一起烹調，因為它全身上下最營養的就是皮跟籽了。但若是買到綠皮栗南瓜，為了避免影響色澤，還是把皮去掉好了～

4　肉豆蔻跟奶油鮮奶油是好朋友，中藥行就可以買到。加一點點就可以讓自家濃湯風味媲美西餐廳喔。

我很喜歡南瓜，不僅是因為它風味絕佳，更因為它外型討喜，黃澄澄圓滾滾的外表讓人一看就心情好。第一次自己買南瓜是在 Aix-en-Provence 的市場。「Potiron」明明是南瓜的意思，卻跟台灣的品種長得一點都不像，大膽地請大叔鋸了一塊給我，小心地帶回小廚房做成濃湯，風味居然出奇得好！不知道是不是因為按照大叔給的配方做的關係，那好喝的濃湯，一點腥味也沒有，秘訣是裡面加上了紅蘿蔔與洋蔥增色添香。

家中兩位小姐超愛南瓜濃湯，但是又更貪心一點要媽媽在濃湯中多加上玉米顆粒，說是自家喝的湯與眾不同，連同學來家裡一起玩耍，餐點也指定要出這湯，想來是非常滿意才是。

材料

南瓜 300g（不去籽切大塊）
紅蘿蔔 80g（削皮切大塊）
洋蔥 60g（切塊）
去皮蒜瓣 2 瓣
月桂葉 1 片
玉米粒 1 罐
雞高湯 800-1000ml
鮮奶油 50ml
無鹽奶油 10g
玄米油 1 大匙
鹽 1 小匙
現磨肉豆蔻酌量

作法

1　厚底湯鍋中放入玄米油 1 大匙，以中火加熱後，放入洋蔥塊、紅蘿蔔塊、蒜瓣炒至香味飄出，微微上色後，加入南瓜塊一起翻炒均勻。

2　加入高湯與月桂葉，轉大火煮到沸騰，撈除浮末，轉小火加蓋燜煮約 20 分鐘至紅蘿蔔軟爛。

3　熄火，撈出月桂葉，用均質機或調理機打成濃稠滑順的質地後再開火，加入玉米粒，以中小火邊攪拌邊煮至沸騰。

4　加入無鹽奶油與鹽攪拌均勻，再倒入鮮奶油，磨點肉豆蔻添香後就可以熄火。

漂浮島

Île Flottante

大學在輔大念法文，發現法國飲食與文化歷史息息相關，當然也是老師的授課重點。有次上課學到有種甜點叫做Île Flottante（中譯：漂浮島），看著圖片上奶白色的點心綴著焦糖巧克力醬與烤杏仁片，優雅地飄浮在鵝黃色的醬汁上方，讓人聯想翩翩。到底是怎樣如夢似幻的點心呢？後來因為工作關係，常到法國出差，與客戶的夫人變成忘年之交，有時在工作空檔會溜出來與她共進午餐，在巴黎的一家小館嚐到畢生覺得最好吃的漂浮島。這家小館的蛋白點心結實有彈性沒有蛋腥味，焦糖醬微苦卻又巧妙的平衡了整體的甜膩，烤焙得恰到好處的杏仁片與徹底冰鎮過的英式奶蛋醬實在是太有水準了。可惜之後再造訪，店主說年事已大，不久後就結束營業，含飴弄孫去了。其實這道甜點並不難做，只要有點耐心，把各個部分事先做好，很可以是孩子的下課營養點心。小姐們只要知道我那天有做，絕對是光速衝去洗手，乖乖地拿著小湯匙坐在桌前等待的。

材料（6 杯份）

| 英式奶蛋醬 |
蛋黃 3 顆
牛奶 250ml
砂糖 2 大匙
香草精 1/4 小匙
橙酒 1 大匙（給孩子食用時可省略）

| 蛋白雲 |
蛋白 3 顆
鹽 1 小撮
砂糖 2 大匙
香草精 1/2 小匙

作法

| 英式奶蛋醬 |

1　蛋黃與香草精攪拌均勻，備用。
2　將牛奶與砂糖倒入小鍋中，燒至邊緣冒小泡泡，砂糖融化後
　　熄火，邊攪拌作法 1 食材，邊將牛奶倒入成均勻奶蛋液。
3　轉中小火，邊攪拌奶蛋液邊加熱至攝氏 80 度熄火，過濾，
　　室溫放涼後冷藏，備用。
4　使用前，加入橙酒攪拌均勻。

| 蛋白雲 |

1　將蛋白、鹽、香草精以及 1/2 的砂糖一起打至出現大泡泡狀。
2　將剩下的砂糖加入，繼續攪打到九分發。
3　烤箱預熱至攝氏 150 度，矽膠模抹油備用。
4　將蛋白裝入擠花袋，填入模型後，用刮刀把表面抹平。
5　用水浴法烘烤 12-15 分鐘，取出脫模放涼，備用。

| 組合 |
在透明碗或杯中盛入英式奶蛋醬，放入 1 顆蛋白雲，可以裝
飾焦糖液與烤杏仁片或是巧克力酥片，趁冰涼食用。

蛋白霜請打成九分發，
如右圖的挺度。

COLUMN

常溫便當的快手備製訣竅

要帶常溫便當必須要認清的一點是,除非你是早鳥,不然就請
跟我一樣,把便當區分成兩天來完成:

D-1 Dish	D Day Dish
前一天晚上或是週末可以先做好,而早上再熱過就好的料理,以及不需加熱可以直接放進便當的菜餚。	第二天早上可以在10分鐘內輕鬆完成的料理。

以下分享四個在我家常常會出現的常溫便當:

週三便當

孩子們週三樂團要團練，只有
30分鐘的時間可以用餐，所以
菜色是孩子們能快速、方便食用
的類型。

菜色內容

沖繩餐肉飯糰
生菜沙拉果汁

D Day

起床後，先煎好餐肉，微波加
熱厚蛋燒，接著組合飯糰，裝
盒，再從冰箱取出沙拉盒與果
汁，一起放到午餐袋裡就好了。

D-1 晚上

預約白飯時間，設定在開始做飯
糰的前30分鐘，這樣白飯才不
會過燙。沙拉葉洗好瀝乾與小
罐沙拉醬一起放盒裡。做好厚
蛋燒切塊冷藏。餐肉切薄片裝
盒冷藏。

戶外教學限定便當

戶外教學便當一定是要可以輕
鬆與同學分享的菜色，所以有
點小邪惡的炸雞塊當主角的便
當最受孩子歡迎了。

菜色內容

MASA 老師唐揚雞塊
紫蘇飯糰
蟹肉棒玉子燒與水煮花椰菜

D-1 晚上

前一天晚上預先炸好雞塊、
燙好花椰菜、裝好小罐沙拉
醬。白飯則用電子鍋預約模
式設定在第二天早上捏飯糰
前30分鐘煮好。

D Day

起床後，取出飯鍋，拌入紫蘇粉，
上面蓋上一條濕布防止乾燥。接著
從冰箱取出雞塊放入烤箱回烤，同
時打蛋做玉子燒、切塊。

等雞塊熱好，稍稍放涼時就可以開
始捏飯糰，把所有的東西裝盒囉！

保溫罐便當

週末有時間時，我會做一兩個燉肉料理，這樣週間帶便當時，可以放進保溫罐裡，很是方便。

香料紅酒燉牛肉
水煮蛋
炒蘆筍與麥片飯

D-1 晚上

預約煮飯時間，煮好水煮蛋，放涼剝殼。洗好要早上炒的蔬菜，切段後裝盒，放進冰箱冷藏。

D Day

取出適量的紅酒燉牛肉，用小鍋或是微波徹底熱好後，裝進保溫罐。用蒜油炒好蔬菜，加鹽與胡椒調味後備用。在便當盒中填入麥片飯，裝好蔬菜與對切的白煮蛋蓋好。與保溫罐一起放入便當袋就好了。

三明治便當

三明治是冷食便當的不敗選項，
內容可繁可簡，只要用奶油徹底
塗在吐司內側做好防水層，讓整
體乾爽不滲湯汁，拿取食用不會
一直掉餡，就保證會大受歡迎！

里肌肉與肉鬆三明治
玉米濃湯

D-1 晚上

煎好里肌肉，生菜洗好擦乾裝盒，
小黃瓜刨片裝盒，煮好玉米濃湯
（通常那天晚上的晚餐就有玉米濃
湯，我會特意多煮一些）。

D Day

玉米濃湯微波熱好裝保溫罐，里
肌肉微波熱好，開始組合成三明
治再放入餐盒。

如果可以妥善把便當菜分成兩天
來做，早上起床要做的事情變少
了，天天帶便當也就不是件困難
的事情了！

CHAPTER 4

週間的餐桌時光

日常餐桌是家人們的交誼廳，無論今天在外遇到什麼開心不開心，餐間話題是讓每一餐都美味的魔法！Léa老師分享給媽媽們的週間備餐訣竅，以及搶時間的美味一鍋煮、烤箱菜、週末花點時間的慢燉料理。只要用愛煮食，每一餐都充滿歡喜！

Week days

BRFORE COOKING...

　晚餐絕對是我們家裡的重頭戲。早上打仗似的備便當、做早餐送孩子先生出門，午餐大多是主婦一人在家簡單解決，晚餐則是全家可以好好聚一起，慢慢吃飯，分享一天大小事的時光。我們家用餐不配電視，配的是大小姐國中班級活動點滴，配的是二小姐社團拉琴的趣事與同學奇特的綽號，也配爸爸的時事分享跟媽媽的菜籃心得。我們也會在用餐時候聊聊各自的困難，不管大小，每個人都可以出主意，給意見；要說浴場是羅馬人社交重心，那麼餐桌就是我們的交誼廳了！

　每天一到下午4點，手機就會收到先生傳來的訊息：「今天晚上吃什麼？要帶酒回家嗎？」孩子放學聞到整間屋子的香氣就會玩起猜迷遊戲：「今天吃糙米飯吧？」「有馬鈴薯泥。」「今天是咖哩耶！」

　這讓主婦既是開心也是憂慮，開心的是我家爸爸天天回家吃晚餐，憂慮的是，每天要變出不一樣的東西來餵飽一家人也還真是頭大啊～

為了豐富自家餐桌，我大概在10年前開始認真的學習煮食。或到廚藝教室進修，或買了一書櫃的食譜書。一開始整桌整地的麵粉，只想做出不一樣的麵條；小牛小姐被噴得整頭整身的果泥，只因媽媽不熟悉食物調理機的操作，而讓站在身旁想幫忙的孩子遭殃；跟所有人一樣，我也被烤箱燙傷過、切菜切到手，一直到現在傷疤還在不斷的生成、癒合的日常中轉著，就在這樣的錯誤與挫折的累積裡，不知不覺地，我也成了廚齡10年以上的主婦。

　　週間我們吃得簡單卻豐盛，重點是要讓孩子們補充營養，又節省外食往返的時間，好讓她們可以早點寫完功課上床休息。所以盡可能在最短的時間裡端出有兩種蛋白質加上兩種蔬菜的餐點。可以是一鍋煮的溫暖料理，可以是烤箱一盤出菜，可以是昨天的剩菜華麗變身，也可以是週末備好慢燉入味的肉品。

　　只要用愛煮食，每一餐都充滿歡喜！

培根韭蔥濃湯

Velouté de
Poireaux et
Lardons

媽媽到法國探望我的時候，正值韭蔥盛產期，愛吃蒜苗的她欣喜地說：「法國的蒜苗好大棵，這樣配烏魚子一根就夠啦！」其實韭蔥與蒜苗這兩個長得像兄弟的傢伙，風味不盡然相同。蒜苗辛辣，風味濃烈，韭蔥卻溫和清甜，煮熟後甚至有點高麗菜的風味。法國人把它當成蔬菜的一種來食用，光是用點橄欖油煎好，撒點鹽巴胡椒就風味絕佳，是搭配肉類的絕配。也可以做成鹹派的內餡，做成濃湯，搭點煙燻風味的培根格外好吃。

材料（4人份）

韭蔥 300-350g（輪切）
紅蔥頭 2 顆（橫切成細絲）
蒜瓣 1 顆
培根 150g（橫切成條狀）
馬鈴薯中型 1 顆去皮（切塊）
月桂葉 2 片
水或雞湯 500-800ml
鹽 1.5-2 小匙
黑胡椒酌量
鮮奶油 100ml

作法

1　培根條下鍋炒香，盛起備用。

2　原鍋炒香紅蔥頭絲、韭蔥、馬鈴薯塊後，加入水或雞湯煮滾，撈除浮末，加入月桂葉，轉小火慢煮到馬鈴薯熟透。

3　撈掉月桂葉，用調理機或是均質棒將鍋中材料打成均勻柔滑的濃湯。

4　將培根條加入湯中，再次加熱濃湯到沸騰，加鹽與胡椒調味，熄火，淋上鮮奶油攪拌均勻即可盛盤。

馬鈴是種神奇的植物，炸成香香脆脆的薯條雖邪惡，但卻是老少都愛的點心。

做成柔滑的薯泥可以搖身一變登上三星餐廳的菜單。

燉在咖哩裡是不可缺少的要角，打散在濃湯中又變成增稠劑，所以主婦週週菜籃總少不了幾顆馬鈴薯。

長得和蒜苗很像兄弟，但韭蔥溫和清甜，煮熟後甚至有點高麗菜的風味。法國人把它當成蔬菜的一種來食用。

第一次天天吃棍子麵包（Baguette）是大三到法國遊學時。這種皮脆心軟的麵包是我們住宿的修道院每天的早餐之一，吃不慣的大有人在，但它的單純風味，濃濃麥香叫我一試就愛上。

是不是每種棍子型的麵包都叫Baguette？非也。

兩倍胖的叫Flûte，一半長的叫Bâtard，比正常尺寸苗條多的叫Ficelle。

用不同麵粉做的叫Baguette Traditionelle，在巴黎也叫Baguette為Parisienne。

一個棍子麵包也可以搞出這麼多單字，真不愧是對文字錙銖必較的法國人。

梅汁化骨秋刀魚

Saury
Stew with
Umeboshi

秋刀魚風味絕佳，唯一討厭的是刺很多，每每幫孩子剔完刺，我的那條秋刀魚就冷了，總錯過最佳的賞味時間。沒辦法在最好的時間吃到最佳狀態的食物，讓主婦心情常常不悅。用油封方式可以將秋刀魚的小刺完全軟化，但大女兒比較喜歡的是用醬汁燒得甜鹹入味的秋刀魚，她說：「以前吃營養午餐時，我最喜歡燒秋刀魚的醬汁，但魚不喜歡，因為還是有刺也不入味。」在家裡做就方便多了，直接派出電子壓力鍋，加入梅酒與酒梅，去腥添味外，還多了一股梅子的酸氣與馨香，之前在課堂分享時，還被來採訪的台藝大同學大讚：「這真是炸好吃的秋刀魚啊！」

材料（4人份）

秋刀魚4條

| 煮汁 |
梅酒150ml
醬油60ml
砂糖20g
水250ml
酒梅3顆
薑片10g

作法

1　秋刀魚去頭與內臟後，切成2等份，擦乾血水，備用。
2　將煮汁材料倒入小鍋中煮滾，接著跟秋刀魚一起放入壓力鍋中烹煮約20分鐘，直到魚骨酥軟即可。

廚事筆記
COOKING NOTES

有兩種方式都能完成這道菜：

1　壓力鍋烹煮：加壓約15-20分鐘後熄火，放置到壓力閥下降即完成。
2　鍋子烹煮：以小火慢煮約2-3小時，務必小心水分是否還夠，若是煮乾了，請隨時加水。

CF式蘿蔔牛肉湯

CF style Beef & Radish Soup

全家一起吃飯的時候，大都要遷就孩子的口味。拿牛肉麵來説好了，我跟先生明明就是喜歡吃紅燒啦、麻辣之類的重口味，為了家中兩位小姐硬是要改成番茄或是清燉口味，因為主婦不想煮兩種不同的餐點忙死自己啊！

將牛肉、切片的生薑、洋蔥，慢慢地用木杓炒香，加上白蘿蔔燉煮的牛肉湯本該是台味十足，但卻因為運用法式餐點的炒香動作取代台式的川燙，讓湯品的香氣整個華麗大變身，成就了一鍋連大人們都欲罷不能的牛肉湯。有次移民澳洲的友人回台，家中備的就是這一大鍋牛肉湯，在桌中間架起卡式爐，多準備一些米血糕、餃類、丸子、香菇、蔬菜…等一起邊聊邊煮，又成了另個聚會的好餐點！

材料

牛腱心1大條（洗淨切大塊）
中型洋蔥半顆（切大塊）
生薑2片
油1小匙
米酒2大匙
醬油2大匙
花椒粒1小匙（裝進小棉布袋）
水或牛高湯1500ml
白蘿蔔1條（去皮切大塊）
鹽酌量

作法

1　鑄鐵鍋中下一小匙油，將牛腱心炒到微微焦黃，接著下洋蔥塊、生薑片，一起翻炒到洋蔥香味飄出，成透明狀。
2　加入米酒拌炒，待香味飄出後再加入醬油拌炒。
3　一樣待香味飄出後加水或高湯，以中火煮滾，撈除浮末後，加入包著花椒粒的小棉布袋，轉小火加蓋慢燉約1小時。
4　時間到開蓋，再次撈除浮末，拿掉裝花椒粒的小棉布袋，加入白蘿蔔塊燉煮約30-40分鐘，最後加鹽調味即可。

番茄咖哩肉醬

Tomato Meat Curry

和孩子們討論有哪些菜是可以寫進全家的篇章時,她們倆第一道達成共識的就是這個剩菜利用的咖哩肉醬。剩下的一點點番茄肉醬有時真的很讓我困擾,一碗的量還真不知道要如何分配到四人的餐盤中。這時浮現腦海的是CoCo壹番屋的麻婆豆腐咖哩飯,試著把一塊板豆腐加進肉醬裡,再調上適量的咖哩塊,有時冰箱還有剩下馬鈴薯、青豆仁,也一起放進去。增量再增量的結果,又是一道主菜的誕生!

材料

番茄肉醬300g
咖哩塊半盒(115g)
板豆腐1盒(約440g,切丁)
水500ml
芫荽籽1/2小匙
小茴香籽1/2小匙
孜然1/2小匙
薑黃粉1/2小匙

作法

1　乾鍋小火炒香芫荽籽、小茴香籽與孜然後盛起,磨成粉末後與薑黃粉一起拌勻,備用。

2　鍋中放入番茄肉醬、豆腐塊、水與作法1的香料煮滾後熄火,將咖哩塊剝成小塊後放入鍋中,輕輕攪拌到咖哩塊融化。

3　再次開中火,邊攪拌邊把咖哩煮滾即可熄火。

培根橄欖醬肉捲

Filet Mignon Roulé à la Tapenade

Tapenade是跟旅居法國的大姐Emilie學來的一道經典常備醬料,坊間版本非常的多,有用黑橄欖製作,也有綠橄欖;香料選擇也非常的多元,看過法國人使用百里香,不一定非要平葉巴西利。用手剁的口感會優於用調理機,懶婦如我,還是出動調理機,一次做大量保存起來。簡單的材料,經過橄欖油巧妙融合,變成一款不管塗抹在法國麵包上,或是搭配烤雞、烤肉,亦或是放在沙拉上吃都合適的醬料,Emilie的巧妙用法則是加在義大利肉醬裡一起燉煮。在我家則是跟培根與小里肌做成肉捲,只要有Tapenade,捲一捲送進烤箱一樣40分鐘可以出菜,方便極了!

材料

| 黑橄欖醬 |
去籽黑橄欖100g
酸豆70g
鯷魚5小條
新鮮平葉巴西利約15-20根
(取嫩莖與葉子的部分)
初榨橄欖油4大匙
去皮蒜瓣1瓣
黑胡椒適量

| 豬肉卷 |
豬小里肌1條
培根片9-12條
黑橄欖醬適量
帶梗小番茄1串
孢子甘藍數顆
橄欖油些許
鹽些許

作法

1　先製作黑橄欖醬,把所有材料放入調理機中,攪打至喜歡的顆粒大小即可。

2　將豬小里肌縱切一刀,不要切斷,稍稍用刀攤平,填入一層黑橄欖醬。

3　將里肌肉條切口合起,用培根片均勻捲在外層,成長條狀。

4　用棉繩將肉捲固定(請見P.126-127)。

5　烤箱預熱至攝氏180度,將豬肉捲放在烤箱中層,先慢烤15分鐘,再放入帶梗番茄、孢子甘藍,在蔬菜上淋些許橄欖油、撒上鹽,轉250度烤15-20分鐘,至筷子可輕易插入時可流出清澈肉汁的程度。

6　取出豬肉捲,在烤盤上休息5-10分鐘再剪開棉繩,切片即可享用～

廚事筆記
COOKING NOTES

1　綁豬肉捲時,繩子要綁緊,肉捲的受熱程度才會一樣。

2　食譜中的黑橄欖醬可以獨立當成麵包抹醬使用,和加熱後的風味又不太一樣,也很好吃。

3　若是只能找到捲葉巴西利,用量則減半。

蒔蘿醬烤紅目鰱

Beauclaire
Rôtie à
l'Aneth

紅目鰱對我來說是小時候的媽媽菜。煎的赤赤的再加薑絲、醬油滾一下就好好吃,非常下飯的一道。前兩年好友猩弟的新合發開始販售紅目鰱,想著是否可以用更簡便的方式來料理,於是調了跟魚肉很合拍的蒔蘿醬,塞入魚肚子跟魚身切口處一起烘烤。

20分鐘可以上桌的烤魚,因著蒔蘿的香氣讓原本就香甜的魚肉更加馨香細緻,好吃極了。蒔蘿醬除了可以用在魚上,搭配雞肉這類風味較淡的肉類,或是加淡菜、透抽、蛤蜊⋯等海鮮也非常的可口,唯一可惜的是新鮮本產蒔蘿只在冬天有,要吃上這道美味,可要注意時節啊!

材料

| 蒔蘿醬 |
蒔蘿嫩葉與嫩莖部分20g
去皮蒜瓣2瓣
橄欖油30ml
鹽1/4小匙

新鮮紅目鰱1尾
黃檸檬1顆(切片)
橄欖油1大匙

作法

1　把蒔蘿醬的所有材料放進食物調理機打碎,備用。

2　新鮮紅目鰱洗淨去除內臟,擦乾,在魚身兩面各斜切兩刀。

3　烤箱預熱至攝氏180度。

4　將蒔蘿醬塞入魚身的切痕以及魚腹的空洞中。

5　烤盤上墊檸檬片,放上魚,再淋上1大匙橄欖油,進烤箱烘烤約15-20分鐘即可出爐。

食材筆記
FOOD NOTES

蒔蘿「Dill」其實就是冬天在菜市場常常見得到的「茴香菜」。台灣人習慣用薑絲、麻油炒著吃,或是打個蛋花煮成湯。在台灣菜市場一買就是一大把,當成蔬菜來食用,跟在法國菜市場一把只有兩三株,當成香料來用真是大異其趣。

鹽麴馬鈴薯蒸肉

Steam Shio Koji Pork with Potato

一開始買鹽麴也大概已經是6年前的事了。日本食譜中大讚鹽麴的妙用，果然它芳香溫純的風味，以及可以軟化肉質讓雞胸肉或是里肌不再乾柴的妙用，讓我一試成主顧，後來受好友Amy的影響開始自己動手做鹽麴，醬油麴…等米麴發酵品。

自製的鹽麴用來蒸肉香氣更上一層，往往肉還在鍋內，飄出的香氣會讓孩子們大喊，「你今天用土鍋煮飯嗎？我想要先來一大碗～」用鹽麴醃過一晚的肉蒸熟後（保存期限約3天），可以用來做各式變化，是主婦週間快速上菜的好朋友。

材料

豬腰內肉300g
鹽麴30g
蒜瓣1顆（切片）
普羅旺斯綜合香料少許
蒸熟馬鈴薯1顆（大的，約200g）
初榨橄欖油1大匙
芥末籽醬1小匙
黑胡椒少許
檸檬皮屑少許

作法

1　將豬腰內肉切厚片，與鹽麴、蒜片、普羅旺斯香料…等一起揉勻，放入保鮮盒，冷藏一個晚上。

2　將豬腰內蒸熟後切小塊，馬鈴薯放蒸鍋裡回溫一下取出，一樣切小塊。

3　倒出作法2的蒸肉湯汁，與橄欖油、芥末籽醬混合後淋在豬肉馬鈴薯塊上，並混拌均勻，最後撒上檸檬皮屑以及黑胡椒即可！

廚事筆記
COOKING NOTES

鹽麴用量為肉重量的10%。

冬天喝的蔬菜熱狗濃湯

Soupe
d'Hiver

冬天的晚上，有時就是想來一鍋熱呼呼的湯，盛個一大碗，裡面有蔬菜、有蛋白質、有鮮美的高湯跟香香的鮮奶油，搭配上最喜歡的法國麵包，跟冰箱裡的常備肉派，就是很飽足的一餐，主婦準備起來也很方便。這道湯的基礎是炒香1：1的奶油與麵粉，我喜歡炒到有點微微的棕色出現，直到飄出榛果的香氣才加入高湯，這樣的濃湯喝起來多了另一個層次的風味，替平淡的家常濃湯添增了不少光彩。

材料

中筋麵粉40g
無鹽奶油40g
玄米油1大匙
洋蔥1/2顆（去皮，切大塊）
紅蘿蔔1根（去皮，切大塊）
中型馬鈴薯1顆（去皮，切大塊）
高麗菜1/6顆（洗淨，剝大片）
主婦聯盟小熱狗6根（切半）
雞高湯1000ml
水200ml
月桂葉1片
鮮奶油50ml
鹽1小匙
肉豆蔻少許

作法

1　厚底鍋中加熱1大匙玄米油，依序拌炒洋蔥塊、紅蘿蔔塊至香味飄出後，加入雞高湯、水與月桂葉煮滾後轉小火，煮約10分鐘後，再加入馬鈴薯塊一起煮約20-30分鐘。

2　等馬鈴薯塊與紅蘿蔔塊煮軟後，加入小熱狗與高麗菜一起煮約5分鐘即可熄火。

3　在等待鍋中根莖類蔬菜煮軟的同時，另起一鍋，以小火加熱奶油至完全融化，一口氣加入麵粉，不停拌炒，直至麵粉成微微棕色，待香氣飄出即可關火。

4　從作法2中舀一大瓢湯進炒好的麵粉糊中，不停攪拌至均勻，待湯被吸收後，再舀一大瓢，如此反覆約5-6次，等到麵粉糊被稀釋到可以與湯輕易融合程度時，再倒入作法1的厚底鍋中。

5　重新開火，攪拌湯汁到均勻，以鹽調味，煮滾後加入鮮奶油與磨點肉豆蔻，攪拌均勻後即可熄火盛盤享用。

我們家的餐桌靠著採光最好的落地窗安置，一開始只是為了幫 Bio-Planète 油品拍攝食譜的一週權宜。沒想到全家都愛上了把大餐桌放在這裡的氛圍，到最後也不想把餐桌移回去了。名符其實變成繞著餐桌而生活的一家人。

和洋沙拉醬二式

🏠

2 Salad Sauces

孩子小時候我們常常一起閱讀食品背後的成分標籤。當看到連我也不大會唸的字的時候，或是成分長到連孩子都不想唸的時候，我就知道是該放下那瓶的時候。很多市售調好的沙拉醬就是如此，為了保鮮跟維持狀態穩定，不得不加入許多化學成分。雖然廠商聲稱不危害健康，但是沙拉醬嘛～自己做就很好吃喔，多調一些裝在血清瓶，放在冰箱可以保存大概1週到1個月不等，對於愛吃生菜的家庭來說，是福音！

材料

│ 芥末籽沙拉醬 │
芥末籽醬1大匙
雪莉醋1大匙
橄欖油3大匙
楓糖漿1/2大匙
鹽、胡椒酌量

│ 優格柚子醋沙拉醬 │
柚子醋醬油50ml
無糖原味優格50ml
橄欖油50ml

作法

將兩種醬的材料分別放到容器中，攪拌均勻，不要油水分離就可以了。

廚事筆記
COOKING NOTES

1 最近喜歡用來保存醬汁的罐子是德國製的血清瓶。不僅可以直接把材料倒進罐子裡混合，而且它的造型簡潔，清洗容易、密封效果不錯，瓶口還可以加裝不滴落塑膠圈，倒出享用時方便極了。

2 芥末籽沙拉醬可保存1個月，優格柚子醋沙拉醬可保存1週。

自製優格也是家中必備
的食物,或是加點果醬、
梅汁當點心吃,或是做成
優格酵母拿來製作麵包
(謝謝好友Betty不停地
催我做),或是做成醃料
與醬料都妙用無窮。

一家四口有三口都是牛，所以生菜沙拉一
週最少會出現在餐桌上兩至三次。特別是
最小隻的牛，從小愛生菜勝過炒菜，只要
給她一小碟醬油，可以就這樣「咔滋咔滋」
的吃完一整盒。

COLUMN

給媽媽們的週間備餐法

雖說週間孩子們上課大多是整天 媽媽在家也是沒有閒著，要整理家務、要洗衣服、要採買，要上網跟朋友聊天（哈～），也要看看閒書、喝口好茶好咖啡慰勞自己，要跟「媽媽友」聚會，實在忙得不可開交，要好整以暇地每天準時開飯，其實還是需要一點偷懶的好方法與小幫手的。

我家晚餐的型態大多會有兩種蛋白質與至少兩種蔬菜出現。一方面要讓孩子足量攝取多樣的蛋白質好長高，一方面老人們（我與先生）也同樣需要多多纖維質來通暢人生（身）。

| 好方法之一 |
晚餐的設計上，比方說一鍋煮的燉物很是方便可以達到這種目標，一鍋煮的紅酒燉牛肉中基本上就有肉、紅蘿蔔、洋蔥…等一種蛋白質加上兩種以上的蔬菜，搭上青豆仁烘蛋、生菜沙拉、法國麵包，輕鬆達成我設定的健康成分表，其中媽媽最忙的廚事大概就是趁假日把紅酒燉牛肉先做好備著了。

| 好方法之二 |

上菜的時候不同時使用同一種爐具。比方說今天晚上的主要餐點是烤肉類或是海鮮，其他的菜色就分配到蒸鍋以及瓦斯爐台上完成。搭配烤魚我會做一個海帶芽涼拌豆腐、蒸花椰菜與肉骨結頭菜丸子湯搭配糙米飯，這樣一樣可以達成兩種蛋白質跟兩種蔬菜的設定，同時優雅上菜。

| 好方法之三 |

善用剩下的材料。不帶便當的日子，其實很容易東剩一點西剩一點東西，所以我們家每週會有一天是「清冰箱日」，剩下的義大利麵打個蛋，搭配鮮奶油、乳酪、火腿…等一起進烤箱做成焗烤通心粉；剩下的肉塊、香腸、烘蛋…等一起切成小正方丁，加上洋蔥、紅蘿蔔、青蔥跟玉米，可以一起做成好吃的「小屑屑炒飯」。每週的那一天大家一樣吃得很豐盛與開心。

| 小幫手之一 |

家中的小童。通常媽媽我在廚房揮舞鍋鏟時，也是國中的姊姊開門回家的時候。請她放好書包洗好手，跟早就在家的妹妹一起整理餐桌排碗筷是每天晚上的例行公事。為了讓媽媽可以聲控她們擺上正確的餐盤用具，姊姊甚至還幫每一種餐盤取名，比方說大圓碗是無印的圓形缽、飛碟碗

是森正洋的手繪日本碗，其他諸多比方蘋果碟、長方盤、早餐盤…等，讓我很佩服她們無窮盡的想像力與把工作育於娛樂的功力，當然，使喚起來也有趣多了！

| 小幫手之二 |
電子壓力鍋。最早開始這個東西出現在娘家。我嫌它外型土氣，不太肯搬回自家廚房，只在寒暑假回去時用。但漸漸的，我發現在夏天時不用在廚房揮汗就可以有一鍋好肉湯，可以在短短時間時間就可以讓牛肚、牛腱、牛筋軟爛，讓雞湯濃郁，讓薏仁鬆軟，豆子軟綿又能維持原型。從此愛上它，變成廚房不可或缺的工具。

| 小幫手之三 |
烤箱、水波爐。常吃西菜的我們，烤箱是必要的存在。先不說烤麵包蛋糕之類的西點，舉凡烤魚、烤雞、烘蛋…等，可以不顧爐火馬上就多一道菜，實在是方便極了。最近兩年家裡又添了水波爐，一機有烤箱、蒸鍋與微波爐的功能更是便利，大大地節省了空間與提高烹調效能。

| 小幫手之四 |
Vitamix生機調理機與Magimix食物調理機。早上的豆漿、晚上的濃湯、泰式香料打成泥，幾乎都靠Vitamix

幫我達成，不僅成品滑順無渣，還非常地快速，從買來的第一天開始就深深覺得沒有白花錢，是我幾乎每天都會用上的小幫手，目前已經在家裡服役快10年了。Magimix食物調理機一樣在家裡服役超過8年，到目前依然功能完善，只有外觀多了使用的痕跡。我用來它來快速打魚漿，做餛飩以及餃子的內餡，做媽媽家傳的肉丸子以及獅子頭，做瑞典炸肉丸…等，節省下來的時間真是以小時計算起跳的。

| 小幫手之五 |

洗碗機。在結婚的第二天，我就跑去訂了一台洗碗機。跟媽媽住一起洗了快20年的碗，我決定哪天可以自己做主了就不再洗碗，或許是以前工作時看到外國客戶的家庭生活讓我嚮往，一起用餐完，一起整理餐桌，有人擦桌子，有人就把碗盤放進洗碗機，門一關，碗盤就自動洗好，不再有媽媽被關在廚房洗碗的可憐背影。多好！

我覺得既然是現代的主婦，就該盡情地享受舊時代主婦享受不到的便利生活，用各式各樣的工具輔助，讓煮食生活更加的美好與便利。當然，不想煮飯的那天，就該放自己假，偶而吃吃外面的食物無妨。休息夠了烹調出來的東西，一定比每天疲累的硬撐著煮食要來得美味的。

CHAPTER 5

和
姐
妹
們
相
聚
的
時
光

媽媽們都是下午4點得接送小孩的灰姑娘！而姐妹閨蜜則是每位鋼鐵媽媽最強而有力的知心後盾，今天，決定把老公小孩放在一邊，用一個下午暢聊女人心事，手做不同國籍的輕食點心佐酒慰勞彼此打打氣，補充一點回到媽媽身分前的動力。

With my friends

BRFORE COOKING...

　我沒有姐妹。

　但是有一大票網路上認識，情同姐妹的好朋友，也有因烹
飪課認識的好姊妹，我們大多是下午４點鐘的灰姑娘。

　在聚會中我們聊的是先生的笨拙與優點（這一定要說的
啊）；交換育兒情報，從尿布廠牌聊到孩子睡過夜的絕招，
也聊副食品與假性近視，順便也說說到哪邊的眼鏡行最優；
也會交換買物心得，這群姊妹們個個愛買，但最愛的都是
廚房用具與鍋碗瓢盆…等飲食相關的東西，只要講到這個主
題，大概可以馬上開團購不誇張；姊妹中也不乏料理大家，
聚會有時變成簽書會（哈），要求她們分享烹飪心得是一定
要的，稀有食材的購買地往往也在姊妹間的聚會獲得情報。

　覺得我們的情感只建立在吃喝玩樂，耍嘴皮抒壓的前提
下嗎？其實這群姊妹們也在母親住院、情感最脆弱的時候，
成為我最強而有力的後盾。她們時時帶甜點來陪母親聊天；

送來士東市場的大大水蜜桃與好吃的櫻桃（還事先幫我洗好了，太貼心）；有送早餐的排毒果汁與好吃的粥品；有送來媽媽心心念念的芋頭米粉；有八里來的家常便當；在夏日 38 度高溫裡親送的建中黑糖冰；有補身體的魚鱻與滴魚精；有幫忙帶孩子的；有依舊來讓媽媽出主意訂餐廳的；有好吃的檸檬塔；更有高雄與法國來的有力擁抱！

母親過世後，萎靡不振的我收到了一盒姊妹手做的小月餅。赫然發現，原來時光不管如何都會繼續運轉下去，幫母親吃完這盒她來不及嚐到的美味後，生活也就這樣的回到正軌。

一直記得母親在病褟上跟我說：「看到妳有這麼多愛妳的朋友，我就放心了！」由衷謝謝這群 4 點鐘就得趕著接送小孩的灰姑娘們，有妳們真好！

酪梨鮮蝦盅

Salade d' Avocats
et Pamplemousses
aux Crevettes

在法國討論功課的時候，我們喜歡跑到某個家中開餐廳的同學家窩著，原因無他，同學的媽媽會在我們功課做到差不多的時候，適時的端出一大桌的點心來餵飽我們。那些通常是餐廳製作的前菜或是下午茶小點，擺盤精美，可口極了！對我們這群平日只在學生餐廳遊蕩的窮學生來說，同學家裡是天堂。

其中讓我印象最深刻的是這一道用葡萄柚或酪梨當盛裝容器的酪梨鮮蝦盅，裡頭有綠色的酪梨、豔紅的明蝦、甜甜的千島醬與酸酸的葡萄柚果肉，在炎熱的普羅旺斯夏天解了我們的餓與暑氣。多年過去，再次踏上普羅旺斯的土地跟那群好朋友聚餐時，法國媽媽的酪梨鮮蝦盅仍在記憶裡佔著好重要的位置。

材料

酪梨2顆	蒔蘿葉些許
葡萄柚1顆	Q比美乃滋2大匙
白蝦150g	番茄醬2大匙
橄欖油1大匙	鹽少許
白酒1大匙	普羅旺斯香料少許
細香蔥些許	

作法

1　鍋中燒熱橄欖油，放入洗淨的白蝦仁快炒至變色後嗆入1大匙白酒，加入鹽與普羅旺斯香料拌勻，熄火，連湯汁一起盛起，備用。
2　調製醬汁：美乃滋與番茄醬拌勻後，再調入1大匙作法1的蝦湯汁，冷藏備用。
3　將酪梨縱切成兩半，挖掉中間的果核，備用。
4　葡萄柚去皮，取出中間的果肉，除掉瓣膜，切成小塊，備用。
5　將作法2調好的醬汁填在酪梨中間的凹洞，接著錯落放上煎好的蝦仁、小塊葡萄柚果肉，再撒上細香蔥與蒔蘿葉裝飾即可。
6　食用時用湯匙，邊挖起酪梨果肉與醬汁，邊佐著蝦仁與葡萄柚果肉一起享用。

廚事筆記
COOKING NOTES

1　若不喜歡葡萄柚的酸度和苦味，可以用柳橙果肉取代。
2　裝飾的香草可以視手邊方便採用的種類，但建議細香蔥不可少。
3　若酪梨切開後站不穩，可以在果實凸起處切一刀，幫助它穩固。

酥炸白乳酪球

Beignet Salé au Fromage Blanc

初識白乳酪是跟先生到阿爾薩斯（Alsace）旅行的時候。 除了每家麵包舖、甜點店一定會看到的白乳酪塔之外，還有在餐廳用餐時吃到的各式白乳酪小點，就單單用白乳酪來佐配燻鮭魚，撒點黑胡椒、細香蔥提味，也好吃的叫人眼睛一亮。

有天翻閱法文食譜時，發現了這道白乳酪球，試做後實在好喜愛，雖然拌好的麵糊還會流動，但放到小油鍋中會療癒地膨脹成小圓球，超適合姐妹們一起在桌邊談天說地，邊炸邊吃。

材料（約12-15顆）

白乳酪250g
鹽 3/4 小匙
普羅旺斯綜合香料1/4 小匙
泡打粉1小匙
雞蛋2顆
火腿5片（切末）
中筋麵粉75g

作法

1 將白乳酪、鹽、綜合香料、泡打粉與雞蛋一起攪拌成滑順的糊狀。

2 篩入中筋麵粉，攪拌均勻，拌入火腿末後，覆上保鮮膜，放到冰箱中冷藏約1小時。

3 鍋中熱油約攝氏160度，用小杓舀麵糊到鍋中油炸，直到麵球膨漲浮起，顏色金黃即可撈起。

4 趁熱佐生菜沙拉享用～

廚事筆記
COOKING NOTES

切記維持小火慢炸，可以保持形狀完整而不爆漿。

紫米飯潤餅捲

Spring Roll Stuffed with Purple Rice & Hot-Dog

生完二小姐的那陣子，大概是我人生中最幸福但也最苦悶的時候。每天在家中過著一打二的生活，尿布奶嘴跟床邊故事一起來，每天蓬頭睡衣的在家中遊蕩，連娘家媽媽來看到我都嚇了一跳。那時，志同道合年齡相仿的教會朋友們拉了我一把。大家一起組了「家中小餐館」社團，定期端出拿手菜相聚。

第一次聚餐在我家，看過大家的菜單後，我端出就是這道紫米飯潤餅捲，完全是取巧地想討好小朋友，連綠色的潤餅皮都特地到微風前的生菜捲攤位預訂，果然色彩顯眼又方便拿取的飯捲頗受好評。雖然後來因為成員們忙於照顧家庭、移民、出國工作…等因素而不再定期相聚，但那時大家一起彼此打氣，笑談夢想的閃閃目光到現在都還忘不了。

材料

白米1杯
紫米1杯
水2.4杯（參考用，請依照自家白米與紫米的吸水量調整）
主婦聯盟小熱狗10條
燙熟四季豆20-30條
燙熟的紅蘿蔔條10條（切成與小熱狗差不多長度）
鹽少許
潤餅皮10張

作法

1　紫米與白米洗淨後，照一般煮飯的水量與行程煮成紫米飯，備用。

2　紅蘿蔔條與四季豆切成與小熱狗一樣長度。

3　潤餅皮回蒸後放在蒸籠裡保濕，若是新鮮剛做好的潤餅皮就可以直接使用。

4　攤平潤餅皮，在靠近自己這端放上半碗紫米飯，鋪平，上面疊上小熱狗、四季豆、紅蘿蔔，撒上一點點鹽。

5　從靠自己這端先往外捲起一圈蓋住飯與餡料，左右兩端的餅皮再往內摺，接著捲好剩下的餅皮，成一圓柱型，收口朝下放好。

6　食用前用刀斜切，即可擺盤上桌。

廚事筆記
COOKING NOTES

1　做好的潤餅捲如果沒有馬上吃，或是當餐吃不完，請用竹製或木製蒸籠盛裝，既可保濕也可以防止水分積在潤餅皮上。

2　我的配方是紫米白米對半，口感佳好食用。

3　除了食譜中的餡料，也可以換成小黃瓜、火腿條，大人口味的韓式泡菜烤肉也很合適夾入潤餅捲。

法式鹹蛋糕

Gâteau Salé

法式鹹蛋糕是我日常會做來吃的點心、正餐與下午茶。也是很適合與姐妹們分享的餐點。作法簡單，備料容易，只要掌握基本材料的幾個元素，其他配料都可以隨心所欲地添加，只要水分不過多，就不會影響成品。

舉凡橄欖、培根、番茄乾、燻鮭魚、蒔蘿，還有冰箱剩下的小邊角都切碎放進去拌均勻進爐烘烤。更重要的是，滋味很棒！陰晴不定的天氣，來上幾塊當午餐，搭配生菜沙拉，會讓人心情一瞬間好了起來。這份蛋糕我使用酵母來做膨發劑，除了食材香氣，還會多了一股酵香，還有一點要注意的是，使用的乳酪不要用片狀再製乳酪，用真的塊狀乳酪刨細來製作，剛出爐的香氣保證會顧不得燙嘴的想來上一塊再一塊！

材料（磅蛋糕模1條量）

| 基本材料 |

融化無鹽奶油50g

雞蛋2顆

牛奶或豆漿75ml

低筋麵粉125g

刨絲乳酪80g

速發酵母粉5-6g

鹽1/4小匙

黑胡椒適量

| 配料切絲 |

火腿100g

黑橄欖與綠橄欖70g

油漬番茄乾30g

作法

1　打散雞蛋，加入牛奶、融化後放涼的奶油、酵母粉、刨絲乳酪，以及1/4小匙的鹽與適量黑胡椒，攪拌均勻。

2　將作法1的液體緩緩倒入低筋麵粉中，攪拌均勻。

3　在麵糊內，用刮刀拌進配料（或是自己喜歡的任何水分少的食材）。

4　麵糊填進鋪了烘焙紙的磅蛋糕烤模，送進預熱至攝氏200度的烤箱烤25-30分鐘即可。

5　取出後放至微溫，即可脫模切塊食用。

廚事筆記
COOKING NOTES

1　水分少的蔬菜，比方說削成小朵的綠花椰、洋蔥丁、鮪魚…等，也是很搭的餡料。

2　這款鹹蛋糕嚐起來的風味就像是沒有派皮的法式鹹派，吃不完可以冷凍保存，要吃時回烤一下就可以，除了搭配生菜沙拉，搭上希臘優格也很爽口美味。

3　我比較喜歡使用幾種不同乳酪來做搭配，有的取用它的香氣，有的看中鹹度，有的則是家中常備。家中會常備的是Emmental乳酪，因為有著可愛大大小小不同的孔洞，被小孩暱稱為「小老鼠乳酪」，含鈣量高，沒有特殊氣味。還有個人認為不能缺少的Parmigiano帕瑪森乳酪，就算是一點點，也可以讓整個蛋糕的香氣瞬間提升，第三種就看各人喜好了，有點辣味的Pepper jack、容易買到的Cheddar都是不錯的選擇。

科西嘉島餅乾

Canistrelli Corse

柯西嘉島餅乾其實承載的是我在法國唸書的回憶。當時住家附近有家我很常光顧的藥局兼生機食品店,因為超喜歡裡面賣的各式新鮮藥草,也愛極了店長母親每天手作的科西嘉島餅乾,雖然硬脆,卻是從來沒嚐過的口味,越嚼越香,幾乎每週都要去光顧一次補滿餅乾罐。

回台灣後,心心念念的從科西嘉島官方網站找到了食譜,才發現這餅乾使用的是白酒取代所有的水分,歷史紀錄則是因為因為當時的飲水衛生條件不足,喝酒遠比喝水來得保險。這樣特別的餅乾,當然要在姐妹聚會時做了分享給大家。

材料

| 茴香口味 |
低筋麵粉 250g
杏仁粉 50g
砂糖 80g
鹽 1 小撮
小茴香（Fennel）2 小匙
玄米油 1 大匙（任何無特殊香味的
食用油都可）
無鋁泡打粉 10g
不甜的白酒 1/2 杯（約 120ml）

| 橙花水口味 |
低筋麵粉 250g
杏仁粉 50g
砂糖 80g
鹽 1 小撮
無鋁泡打粉 10g
橙花水 15ml
不甜的白酒 105ml
玄米油 1 大匙（任何無特殊香味
的食用油都可）

| 檸檬口味 |
低筋麵粉 250g
杏仁粉 50g
砂糖 100g
鹽 1 小撮
無鋁泡打粉 10g
檸檬皮屑 1 顆

玄米油 1 大匙（任何無特殊香味
的食用油都可）
香草精 1 小匙
橙酒 30ml
檸檬汁 30ml
水 60ml

作法

1　將三種餅乾的乾料分別全部混拌均勻（麵粉請過篩），再
　　慢慢加入液體，全部揉和成均勻麵團。

2　在工作板上撒粉，將麵團擀平成約 0.4cm 的麵片，用模
　　型壓出喜歡形狀，間隔放置在烤盤上。

3　烤箱預熱至攝氏 180 度，餅乾送入烤箱後，先以 180 度
　　烤 15 分鐘，再以 150 度烤 15 分鐘，取出烤盤，放涼即可
　　密封保存。

抹茶甘藷磅蛋糕

Quare-Quarts au Matcha et Patate Douce

在台灣不是那麼容易買到小山園抹茶的時候，我做的抹茶蛋糕不是顏色漂亮卻風味不佳，就是風味很棒但顏色黯淡得讓人不知它前世是抹茶。那時好姐妹大海小姐在日本做語言進修，特地幫我帶回了小山園料理用抹茶，一試成主顧啊！最近也有代理商引進若竹、青嵐…等品項，很可以讓自己的烘焙品抬頭挺胸的。

多虧了好姐妹的幫忙，我家美麗的甘藷磅蛋糕在冬天時就會推出，選用的是日本種的栗子地瓜，帶皮蒸熟後整條放入模子，切開後，沈穩的綠色蛋糕體，搭配像極一輪明月帶有淺紫月暈的甘藷，不管是視覺或是味覺都讓人驚喜。

材料

雞蛋2顆（約120g，打散）
室溫放軟的無鹽奶油120g
過篩低筋麵粉120g
無鋁泡打粉1小匙
砂糖80g
小山園料理用抹茶粉5g
鹽1小撮
冷開水2-3大匙
蒸好放涼的金時地瓜1條（裁成與烤模長度一致）

作法

1　將室溫放軟的奶油、低筋麵粉、泡打粉、抹茶粉先攪打均勻至稍微膨發，顏色變白。
2　加入砂糖、鹽，繼續打至體積膨大。
3　分次加入雞蛋液，打至蛋液吸收後，再倒入下一次，一樣打到蛋液吸收。
4　接著分次拌入開水，水分需全部被麵糊吸收。
5　將1/2麵糊倒入磅蛋糕模，放入整條地瓜，接著把剩下的麵糊均勻倒入，頂部用抹刀抹平。
6　烤箱預熱至攝氏170度，放入烤箱約烤30-35分鐘即可。
7　取出磅蛋糕，放至涼透就可以脫模，切塊食用。

CHAPTER 6

自己獨處的時光

無論你有多少分身得張羅忙碌，可能是得
照顧小孩的爸媽，同時是需要照料長輩的
兒女，當一個人獨處時，不妨用美食鼓勵
努力不懈的自己，為下個日常儲備隨時再
戰的正能量！佐一杯咖啡的簡餐、和紅白
酒很搭的酒食、料豐富的懶人沙拉，熱烤
入味的溫蛋糕，Léa老師私心分享她的沙
發系療癒料理。

With myself

BRFORE COOKING...

我愛家人朋友，也愛跟孩子24小時廝混的寒暑假。

但不諱言的是，我也極度需要個人空間與獨處的靜默時光。每天早上送家裡大小人出門求奉祿求功名後，整個空間的氛圍馬上就不一樣了，連呼吸的空氣都多了一份從容自在，自己窩在家的時光是如此的美好與珍貴。

可以從餐具櫃中挑個喜歡杯子，就著清晨的涼爽空氣慢慢的喝咖啡；或許也會抽出一直想讀卻又沒時間讀完的小說，趁著頭腦清醒，一鼓作氣的讀完；這個時候，也是安排來接收與拆封宅配紙箱的時間，把戰利品（咦？）不知不覺的擺放在它命定之地，偽裝成已經來家裡很久的老朋友；可以好好的寫食材購買清單，等等到市場去晃晃；會實驗一直想做又沒做的新菜式，成功了，就快快拿起相機記錄下來，拍照最愛的是清晨的光線，帶點淡藍色的光線，會讓我整個人冷靜下來，儲備下午4點小孩回家後的抓狂能量。

　　自己獨處的時候，也是可以肆意吃點只有我專屬食物的時候。這時家裡可以變身咖啡廳，只沖一小壺咖啡，只烤2顆馬德蓮；也很可以是小酒館，作份自己獨享的香煎義式白腸早午餐配上茄汁白豆與香料嫩烘蛋；可以是家庭式居酒屋，剪下陽台生長過剩的紫蘇葉裹著辣味明太子飯糰；可以是台式小攤販，做份炸豆腐配上自己醃漬的泡菜，也或是什麼都不想，把冰箱裡剩下的乳酪、小黃瓜、番茄、玉米、醋漬扁豆用橄欖油、胡椒拌成一大盆，窩在沙發上邊看 Master chef 邊放空。

　　總之，這個時候只要是自己想吃的，不再顧慮大小人的口味，就一盆盆的端上來吧。腸胃被食物撫癒了，人就精彩了。

扁豆蝦仁櫛瓜冷麵佐白巴薩米克醋

Nouilles de
Gourgettes
aux Lentilles
et aux
Crevettes

對櫛瓜這玩意兒我可是有一大篇故事好說。20 幾年前在法國唸書時，寫了傳真 (對，那時真的用傳真) 給媽媽，其中一大部分是在報告飲食，我還記得有段是這樣寫的：「這裡的小黃瓜又大又胖，神奇的是用什麼醃漬都不會像台灣的一樣清脆好吃，倒是用煎的炒的口感有點像筍…」後來才知道原來想追求小黃瓜口感得去買法國大黃瓜，笨蛋留學生就這樣每天在飲食衝擊中成長。

近年來台灣栽種的櫛瓜又美又好，刨成麵條狀用白色的巴薩米克醋調味既可保存翠綠色澤，二來也酸甜可口，搭上富含蛋白質的綠扁豆與蝦仁，在炎炎夏日裡是主婦可以自己獨享的消暑餐點。

材料

煮熟扁豆 4 大匙
櫛瓜 2 條
燙熟或是油煎蝦仁 150g
白巴薩米克醋 3 大匙
橄欖油 2 大匙
芥末籽醬 1 小匙
鹽 1/4 小匙

作法

1　先調醬汁，將白巴薩米克醋、橄欖油、芥末籽醬與鹽放入
　　罐子裡蓋起，用力搖晃到均勻。
2　將櫛瓜刨絲，放在容器底部，舀入煮熟扁豆，最上面再放
　　上燙熟的蝦仁。
3　食用前，淋上醬汁即可拌勻食用。

食材筆記
FOOD NOTES

小扁豆是歐洲人時常食用的食材。不僅煮食快速（無須浸泡，20-25分鐘就可以煮熟），膳食纖維、蛋白質與礦物質⋯等含量都很高，是近來很受亞洲人青睞的健康食物。

香料燴馬鈴薯與白花菜

Aloo Gobi

某天邊拖地板邊看電視時，被 Chef Michael Smith 的一道 Aloo Gobi 燒到。 什麼是 Aloo Gobi ？這道印度菜簡單説，就是香料燴馬鈴薯與白花菜。因著好友隨丈夫外派印度，我常常可以獲得她帶回來的各式有機香料，於是躍躍欲試。Chef 用的是傳統度酥油 Ghee，主婦就用無鹽奶油；Chef 用生馬鈴薯、生的白花椰菜一起燜煮，主婦手頭有的是平時為了節省料理時間，預先蒸好的馬鈴薯與殺青過的白花菜，減少水量燴煮出來的口味也不賴。於是這道要在最後上桌前上大量香菜提味增色的印度菜變成主婦午間獨享的定番，誰叫家中只有我是香菜人呢！

材料

孜然1小匙
S＆B咖哩粉2小匙
中型馬鈴薯1個（洗淨切塊蒸熟）
白花椰菜半顆（切適口小株，川燙）
煮熟鷹嘴豆適量
鹽1/2小匙
沙拉油或奶油1.5大匙（原本該用 Ghee 這種印度酥油，Chef 用的是焦化奶油）
水1/2杯
香菜葉適量

作法

1 乾鍋開小火，小心炒香孜然，續下咖哩粉、沙拉油，炒到香味飄出。
2 放進蒸熟的馬鈴薯塊拌炒，確認每一塊馬鈴薯都沾到香料。
3 在馬鈴薯上堆疊燙過的花椰菜與鷹嘴豆，加上1/2杯水，轉中火，蓋上鍋蓋，大約煮5分鐘。
4 開蓋，加鹽調味，將所有材料拌勻，撒上香菜葉即可食用。

廚事筆記
COOKING NOTES

建議使用預煮過的馬鈴薯跟白花椰菜，這樣比較能掌握蔬菜的熟軟程度，口感較好，也不容易焦鍋。

辣椒醬與辣油二式

Home Made Garlic & Chilli Paste, Pepper Oil

先生跟我都很能吃辣，也愛吃辣。但是自從孩子們可以吃人的食物之後，為了遷就她們的口味，大部分的時候，家裡的調味都偏清淡，想吃辣，就只能額外加辣椒醬跟辣油。

蒜頭辣椒醬跟香料麻辣油是家中必備的兩道辣味醬。前者用朝天椒跟紅辣椒以 1:1的重量洗淨擦乾剁碎，再加上所有辣椒量的1/3蒜末以及用蓋過材料的油，以小火炒熟炒香，用來做辣炒雞丁、炒茄子、加在麵裡都很好味，後者則是常常去買滷味時，覺得店家的辣油時時火候不穩，時而太生香氣不足，時而太猛而發苦，自己做小量反而溫度好控制，新鮮做，新鮮吃，安心又美味！

材料

A ｜椒麻辣油｜
葵花油 300ml
大紅袍花椒 2.5 大匙
朝天辣椒辣椒片 4 大匙
白豆蔻 4 顆
小茴香籽 1 小匙
芫荽籽 1 小匙
肉桂棒 1 根

B ｜蒜味辣椒醬｜
葵花油 100ml
冷壓芝麻油 50ml
新鮮大紅辣椒 120g
新鮮朝天辣椒 120g
去皮蒜瓣 80g
鹽 1/2 小匙

作法

A

1 將大紅袍花椒、白豆蔻、小茴香籽與芫荽籽放入攪拌機中打碎，裝進耐熱瓶中備用，肉桂棒也一起放入。
2 將葵花油倒入鍋中，加熱到攝氏180度左右，熄火。
3 將燒熱的油倒入裝有香料辣椒的耐熱瓶中，放涼後蓋上蓋子，冷藏熟成。
4 兩天後取出肉桂棒，即可開始使用。

B

1 將大紅辣椒、朝天辣椒與蒜瓣一起放入攪拌機中打碎。
2 冷鍋倒入葵花油與芝麻油與辣椒蒜頭碎，開中小火慢慢炒。
3 炒到香氣飄出，整體看起來熟軟後再加鹽拌勻，即可裝進耐熱玻璃瓶。
4 放涼後蓋上蓋子，冷藏保存。

廚事筆記
COOKING NOTES

1 怕辣的人，可以增加大紅辣椒的比例，降低朝天椒的比例。

2 椒麻辣油放冰箱冷藏保存3個月沒問題；蒜味辣椒醬則要注意每次使用完畢後，表層有沒有一層油？若是沒有，請添加一點葵花油作為隔絕空氣的保護，可以冷藏保存2-3個月。

我在冰箱裡放了個PP盒，裡面有大大小小約20個透明小罐子，裝的全是各式香料。

常用的普羅旺斯香料是先生出差法國一定會幫忙補貨的好用綜合香料，味道類似義式香料，但對我來說，風味更加細緻。

還有做西式料理不能缺少的丁香、多香果、杜松子、粉紅胡椒、小茴香、肉豆蔻、綠豆蔻；印度料理不能缺少的孜然、芫荽籽、肉桂、白豆蔻、薑黃粉；中式料理需要的八角、黑胡椒、白胡椒、大紅袍花椒、綠花椒、紅麴…等。

台灣現在買香料其實挺便利的，大多數的香料在中藥行可以買齊，不然到印度香料專賣店也可以找到。

少少的香料可以起到對料理畫龍點睛的作用，讓味道更加有深度，非常建議大家試試。

普羅旺斯番茄鑲肉

Tomates Farcies

番茄鑲肉大概是我到法國試圖餵飽自己而做的前幾道菜。

在脫離超市，愛上市集之後，每週三的小廣場市場以及每週六法院前大廣場的市集，是我購買食材的地方。有農人們會帶著自傲的食材來兜售。繽紛的各式菜蔬、新鮮水果，堆得像小山般的乾燥藥草以及橄欖木雜貨、桌巾餐巾…等織品，讓人目不暇給～在市集買菜的最大好處是，大部分農人都會熱情分享自家的「秘密料理」該如何製作，食譜有時還會回溯到曾曾曾祖父母，真是名符其實的老奶奶配方啊！這份很普羅旺斯的烤菜可當主食也可當配菜，食譜主要的配方來自肉舖老闆，但其他的部分，「噓～等妳跟我買肉超過5年就告訴妳。」只待兩年的我只得自己拼湊出其他部分，滋味嘛～還挺不錯的！

材料（4人份）

牛番茄4顆
豬絞肉300g
吐司1片
乳酪30g
火腿30g
鮮奶油75ml（5大匙）
鹽1/4-1/2小匙
普羅旺斯香料酌量

作法

1 洗淨牛番茄，從頂蓋約1/4處切開，挖空裡面的籽，並用
　 紙巾拭乾汁液，備用。
2 將吐司、乳酪、火腿切成細末，與豬絞肉、鹽、普羅旺斯
　 香料與鮮奶油攪拌均勻，備用。
3 烤箱預熱至攝氏220度。
4 將作法2攪拌均勻的肉餡一一填入番茄盅內，放入烤箱烘
　 烤約15-20分鐘即可取出。

廚事筆記
COOKING NOTES

1 食譜中使用的是
　 Mozzarella乳酪
　 與Parmigiano
　 乳酪各半。
2 除了牛番茄，亦
　 可換成圓茄、圓
　 櫛瓜來填肉餡。

使用香料必須謹記一條鐵則：香料是讓
食材風味更豐富、更鮮美的重要配角，
絕非主角，千萬不要下手太重，以免
蓋住主食材的風味！

台式泡菜與黃金泡菜

Taiwanese Pickled Cabbage & Golden Kimchi

家裡超愛吃泡菜的人就是我，每次到慣常用餐的麵店吃飯，小孩們跟爸爸都會偷偷的下注：「猜媽媽今天會不會拿泡菜？」但近來吃外面泡菜的機率越來越少，一方面因為食安讓我心慌，二方面其實製作起來並不難，做個幾罐放冰箱，想吃隨時可得，方便極了。台式泡菜跟黃金泡菜不需經發酵過程，算是泡菜中超級容易上手的入門款。把大白菜或是高麗菜鹽漬脫水，拌上調製好的甜醋汁或是黃金醬料，放置個半天、一天等待入味就可以品嚐。從此以後不用跟團購，不用跟臭豆腐攤的老闆說：「加買泡菜20元」現做現吃，心情大好哪！

材料（黃金泡菜）

大白菜1顆（約1-1.2kg）
醃菜的鹽為菜重量的3%

| 醬料 |
嫩薑10g
去皮蒜瓣20g
削皮紅蘿蔔80g
削皮蘋果50g
豆腐乳50g（辣味尤佳）
白醋40ml
香油40ml
鹽1/2小匙
砂糖25g

作法

1 約略洗淨大白菜的外層後，甩乾水分，切大塊，放到塑膠袋中，加入菜重量3%的鹽，一起搖晃均勻，靜置，每半小時再去翻面一次，一直到大白菜脫水完成。
2 用飲用水將脫水完成的蔬菜漂洗兩次，以調整鹹度與洗去雜質，用手擰乾備用。
3 將醬料的材料都打成泥，拌入擰乾的蔬菜中，可即食。或裝罐冷藏半天後食用風味更佳。

廚事筆記
COOKING NOTES

1 這兩款泡菜是比較大人口味的不甜配方。
2 每次食用都要用乾淨無水氣的筷子夾取。兩款泡菜可存放約1週。

材料（台式泡菜）

高麗菜 750g	｜醬料｜
醃菜的鹽為菜重量的3%	砂糖105g
嫩薑10g（切絲）	水105ml
紅蘿蔔30g（切絲）	蘋果醋120ml
紅辣椒1根（環切）	

作法

1 約略洗淨高麗菜的外層後，甩乾水分，切大塊，放到塑膠袋中，加入菜重量3%的鹽，一起搖晃均勻，靜置，每半小時再去翻面一次，一直到高麗菜脫水完成。

2 用飲用水將脫水完成的高麗菜漂洗兩次，以調整鹹度鹹度與洗去雜質，用手擰乾備用。

3 將醬料的材料煮滾後放涼。

4 消毒1L的罐子，裝入脫水完的高麗菜、薑絲、紅辣椒與紅蘿蔔絲，再倒入醬料醃漬，密封冷藏，兩天後可開瓶享用。

廚事筆記
COOKING NOTES

1 醃漬此類蔬菜，在脫水階段，切忌大力揉捏，有折痕的蔬菜不僅賣相不好，甜度與脆口度也會大大降低。只要適時的去翻動袋子，讓蔬菜各面都接觸到鹽就可以達到脫水效果。

2 用山東大白菜甚至台灣的包心白菜都可製作黃金泡菜。

3 台式泡菜建議使用高麗菜，口感較清脆。

4 使用蘋果醋的酸度較低，建議醃漬液先煮過味道較圓潤。

香料嫩烘蛋
佐茄汁白豆

Simple Fritata
&
Cannellini
Bean with
Tomato Sauce

喜歡吃鹹豆子其實也是到國外獨自生活才養成的習慣。大紅豆跟大白豆是阿嬤拿來做粿跟糕的內餡材料,炒得綿綿蜜得甜甜的豆餡是我們最喜歡去偷挖來吃的兒時回憶。沒想到歪國人的鹹豆子我一樣愛吃。煮得鬆軟的豆子,或是燉茄汁當成邊菜,或是醋漬搭沙拉,或是單純煮好撒點鹽巴,我都很可以。

讓白豆更有滋味的煮法是用高湯來燉,懶主婦的作法則是加上一兩塊排骨一起放進電子壓力鍋裡。10 幾分鐘後就可以有一鍋豆形完整的鬆軟白豆。多煮一些連湯汁一起放進冷凍保存,想吃的時候就有,滋味可比市售的鮮美太多啦!

材料(4人份)

| 茄汁燉白豆 |
橄欖油2大匙
乾洋蔥3大匙
西班牙煙燻紅椒粉1/2小匙
水煮白豆300g
水300ml
番茄糊3大匙
鹽1/4匙
黑胡椒酌量

| 香料嫩烘蛋 |
植物油2大匙
雞蛋3顆
鮮奶油或牛奶3大匙
鹽3小撮
普羅旺斯香料酌量

廚事筆記
COOKING NOTES

1 建議使用小烤箱,但若是家中烤箱真的太小以致於鍋子放不進去,那大烤箱在一開始製作茄汁白豆時,就要先預熱至攝氏250度。

2 作法4把蛋液由鍋子外緣往中間撥的用意是為了製造更多的層次感。即使烘蛋冷掉了,體積變小了,吃起來一樣很軟嫩可口。

作法

1 先做醬汁:取一小醬汁鍋,冷鍋放油,小火炒香乾洋蔥屑與紅椒粉,待香味飄出後,再加入番茄糊炒香。

2 加入清水與白豆煮滾後,加1/4小匙鹽、黑胡椒調味,即可熄火備用。

3 取一小缽加入雞蛋、鮮奶油、鹽與香料打散備用。

4 在瓦斯爐上燒熱小鐵鍋,倒入2大匙油,轉中小火,倒入蛋液,等邊緣稍微凝固後,用筷子從鍋邊往中間撥,持續這個動作到六成蛋液都凝固。

5 把鍋子放到小烤箱中,轉最高溫,待烘蛋液全凝固即可出爐。

6 在烘蛋中間淋上茄汁白豆,即可上桌。

煙花女義大利麵 什麼都有的

CF style Spaghetti Olive e Capperi

初識煙花女義大利麵是在工作時常去參展的 Garda 湖畔的餐廳。義大利設計師幫大家點了好幾道麵,最受青睞的居然不是小螯蝦海鮮麵這類料多賣相華麗的料理,讓大家頻頻續盤的居然是那道看起來似乎只有麵條,可憐巴巴的只有一點點配料,卻又鹹又酸又辣的 Spaghetti olive e capperi(Spaghetti alla puttanesca)。

我自己一人在家裡午餐時,很喜歡在又鹹又酸又辣的基礎:鯷魚、酸豆、大蒜、辣椒、橄欖、番茄乾之外,加入自己喜歡的材料,比方說當季的青豆莢、糯米椒…等,做成獨享的、料多豐富版的飽足煙花女燕大利麵。在沒有孩子沒有先生的中午,端著一大盤過癮的麵條配上最愛的 Chef's Table,豈止小確幸而已～

材料

義大利麵1人份
蒜瓣2顆(切片)
油漬鯷魚2條
紅辣椒1根(環切)
風乾番茄乾1塊(切丁)
酸豆1大匙
鹽1/2小匙
橄欖油3大匙
糯米椒5根(斜切段)
煮麵水(1L+1/2大匙鹽)

作法

1 將1L水加1/2大匙的鹽煮滾,放入義大利麵,依包裝上時間煮至彈牙程度。

2 在煮麵的時間,取一炒鍋倒入橄欖油2大匙,小火炒香蒜片、辣椒圈、番茄乾與鯷魚,蒜片不可炒焦,鯷魚必須炒到融化,熄火備用。

3 義大利麵煮熟後,撈到剛剛的炒鍋中,加入1大匙酸豆、切好的糯米椒與2大匙煮麵水,一起翻炒。

4 待麵水收乾,嚐一下味道,斟酌加鹽調味,最後起鍋前再淋入1大匙橄欖油即可盛盤。

廚事筆記
COOKING NOTES

這款義大利麵的特色是「鹹、酸、辣」,缺一不可,神奇的是,剛入口的味蕾衝擊,會隨著咀嚼變得圓潤甚至可以嚐出義大利麵的甜味。

鐵鍋焦糖蘋果鬆糕

Baked Pancake with Caramel Apples

小鐵鍋風潮延燒在煮婦界好久一陣子了，幾乎大家手上都有大大小小的Lodge無塗層的平底鑄鐵煎鍋。某日在年前大掃除期間，小朋友的小青蛙韻律老師，也是家庭好朋友帶著年貨來拜訪。一時灰頭土臉的主婦不知該如何款待起，快速沖個紅茶，調好麵糊、鋪上香蕉片，倒進先燒熱的小鐵鍋中，送進小烤箱中15-20分鐘出爐，切塊淋上巧克力醬，旁邊綴上一球香草冰淇淋，幫主婦做足面子，賓主盡歡。

這道鐵鍋鬆糕後來也變成主婦胃中甜蟲發作時的救火隊，加上各式水果、香料一起烘烤，淋上各式不同淋醬變化口味，不僅增添風味與濕潤感，賣相也加分了。就算是自己一人的甜點，也要秀色可餐，對吧！？

材料（用Lodge 16.5CM平底鑄鐵鍋）

｜焦糖蘋果片｜

砂糖30g

水1大匙

蘋果1顆半（去皮，切約3mm厚片）

無鹽奶油5-10g

肉桂粉酌量

｜蘋果鬆糕｜

低筋麵粉90g

砂糖2大匙

鹽1小撮

無鋁泡打粉1小匙

牛奶70ml

雞蛋1顆（打散）

融化奶油（或食用沙拉油）1大匙

作法

1　先做焦糖蘋果片：在小鍋中加入砂糖、水，以中大火煮成焦糖狀，邊煮邊攪拌。

2　加入蘋果片，與焦糖拌和均勻，蘋果片會慢慢出水，不時翻拌，讓蘋果片均勻沾附焦糖。

3　以中火慢慢將蘋果片煮軟，直到水分收乾即成焦糖蘋果片。

4　最後加入無鹽奶油，一樣拌和均勻，即可熄火。

5　接著製作蘋果鬆糕：先混合乾性材料，接著倒入蛋液、融化奶油與牛奶稍微攪拌混合（留有點顆粒狀無妨）。

6　小烤箱預熱至攝氏250度，小鑄鐵平底鍋也在瓦斯爐上預熱，塗上薄薄一層油。

7　接著快速倒入麵糊，離火，上層排列事先做好的焦糖蘋果片。

8　放入烤箱約15-20分鐘，烤到用竹籤插入無麵糊沾黏即可出爐。

廚事筆記

COOKING NOTES

1　這道食譜也可用小烤盤來烤。

2　這道甜點要趁熱享用～

飲食宅記

獻給親愛家人、摯友，與療癒自己的溫柔食光

作　　　　　者	Léa 楊佳齡
插　　　　　畫	Danielle 溫語謙、Mathilde 溫新予
餐 酒 專 欄	Wayne 溫唯恩
主　　　　　編	蕭歆儀
特 約 攝 影	陳家偉
封 面 與 內 頁 設 計	劉佳旻
封 面 插 畫	Sunny
印　　　　　務	黃禮賢、李孟儒

出 版 總 監	黃文慧
副 　 總 　 編	梁淑玲、林麗文
主　　　　　編	蕭歆儀、黃佳燕、賴秉薇
行 銷 企 劃	陳詩婷、林彥伶

社　　　　　長	郭重興
發行人兼出版總監	曾大福

出　　　　　版	幸福文化
地　　　　　址	231 新北市新店區民權路 108-1 號 8 樓
粉 　 絲 　 團	https://www.facebook.com/Happyhappybooks/
電　　　　　話	(02) 2218-1417
傳　　　　　真	(02) 2218-8057

發　　　　　行	遠足文化事業股份有限公司
地　　　　　址	231 新北市新店區民權路 108-2 號 9 樓
電　　　　　話	(02) 2218-1417
傳　　　　　真	(02) 2218-1142
電　　　　　郵	service@bookrep.com.tw
郵 撥 帳 號	19504465
客 服 電 話	0800-221-029
網　　　　　址	www.bookrep.com.tw
法 律 顧 問	華洋法律事務所 蘇文生律師

印　　　　　製	凱林彩印股份有限公司
地　　　　　址	114 台北市內湖區安康路 106 巷 59 號
電　　　　　話	(02) 2794-5797

初版一刷　西元 2019 年 5 月
Printed in Taiwan 有著作權 侵害必究

國家圖書館出版品預行編目 (CIP) 資料

飲食宅記：獻給親愛家人、摯友，與療
癒自己的溫柔食光／Lea 楊佳齡著
-- 初版. -- 新北市：幸福文化, 2019.05
　面；　公分. -- (Sante ; 14)
ISBN　978-957-8683-46-4(平裝)
1. 食譜

427.1　　　　　　　　　　108005018

DE CECCO 得科杜蘭小麥義大利麵
義大利專業廚師最愛用品牌!

得科義大利麵已是世界僅存仍延用「青銅金屬」擠麵器的製麵廠。
青銅的多孔性金屬特性,會讓麵糰經過擠壓管道後在麵條表面呈現
粗糙的白色粉屑感,這正是得科麵條能沾裹上更多濃郁醬汁的秘訣!
但因青銅材質成本高、容易耗損,也使得其他製麵廠紛紛改用較便宜
的鐵氟龍材質,但其製作出的光滑麵條吸附醬汁的能力跟得科義大
利麵相差甚遠!

聯馥食品 www.gourmetspartner.com